2022年浙江省哲学社会科学规划课题成果"地域文化影响下的家风家教的传统性与现代性耦合机制研究"（22NDJC349YBM）

地域文化影响下的家风家教的传统性与现代性耦合机制研究

杨玉君◎著

吉林大学出版社

·长春·

图书在版编目（CIP）数据

地域文化影响下的家风家教的传统性与现代性耦合机制研究 / 杨玉君著. -- 长春：吉林大学出版社，2024.10. -- ISBN 978-7-5768-3799-5

Ⅰ．B823.1；G78

中国国家版本馆CIP数据核字第2024VY8248号

书　　名：地域文化影响下的家风家教的传统性与现代性耦合机制研究
DIYU WENHUA YINGXIANG XIA DE JIAFENG JIAJIAO DE
CHUANTONGXING YU XIANDAIXING OUHE JIZHI YANJIU

作　　者：杨玉君
策划编辑：邵宇彤
责任编辑：李潇潇
责任校对：高珊珊
装帧设计：寒　露
出版发行：吉林大学出版社
社　　址：长春市人民大街4059号
邮政编码：130021
发行电话：0431-89580036/58
网　　址：http://www.jlup.com.cn
电子邮箱：jldxcbs@sina.com
印　　刷：河北万卷印刷有限公司
成品尺寸：170mm×240mm　16开
印　　张：14.25
字　　数：228千字
版　　次：2025年1月第1版
印　　次：2025年1月第1次
书　　号：ISBN 978-7-5768-3799-5
定　　价：98.00元

版权所有　　翻印必究

前言

　　本书的写作源于对当今社会变革和文化冲突对家庭教育产生深刻影响的关切。随着经济全球化的推进，各种文化在不同层面相互交融，传统价值观与现代理念之间产生了深刻的对话和碰撞。在这一背景下，家庭教育作为文化传承的核心环节，其所承载的文化内核、教育模式和价值观念面临着前所未有的考验和机遇。首先，经济全球化使文化之间的互动变得更为频繁和紧密。不同地域、民族、宗教等因素交织在一起，为家庭教育注入了多元的文化元素。传统文化与现代文化的对话、东西方文明的碰撞使家庭教育不再局限于单一文化，而是会受到更加多样和复杂的文化影响。因此，有必要深入研究这些文化因素是如何影响家庭教育的，以及这种影响如何在传统性与现代性之间发生耦合。其次，需要对文化冲突和变革对家庭教育产生的影响进行深入的理论和实证研究。在社会快速发展的今天，家庭教育作为社会化的重要环节，其传统性与现代性的耦合机制不断受到挑战。传统的家风家教在现代社会中可能遭遇认知差异、教育理念的碰撞，以及家庭结构的变化等多方面的困扰。深入研究这些问题，既有助于理论上对家庭教育进行深度剖析，也能够为实际的教育实践提供有益的启示。最重要的是，对地域文化影响下的家风家教的传统性与现代性耦合机制的研究，能够为家庭教育领域提供新的理论视角。这不仅有助于推动家庭教育理论体系的深化，还为学者提供了展开更为深入的研究的契机。同时，我们期望本书的出版能够为教育从业者和决策者提供具体的参考，引导其在家庭教育政策的制定和实施中更加精准和有效地运用文化因素。

本书是 2022 年度浙江省哲学社会科学规划年度课题立项"地域文化影响下的家风家教的传统性与现代性耦合机制研究"（22NDJC349YBM）的成果，主要从地域文化与家风家教、浙江、河南地域文化特征、地域文化下家风家教的传统性、地域文化下家风家教的现代性、地域文化影响下家风家教传统性与现代性耦合的行为机理、地域文化影响下家风家教的传统性与现代性耦合机制、地域文化影响下家风家教传统性与现代性耦合的微观策略、地域文化影响下家风家教传统性与现代性耦合作用、存在问题与未来展望几个方面进行了阐述。

本书中的地域主要以浙江、河南为例。第一章主要介绍了地域文化和家风家教的概念，以及家风家教研究的马克思主义理论渊源和伦理渊源。简单介绍了浙江、河南的地域文化特征，并从两个方面阐述了地域文化与家风家教的关系。第二章主要介绍了浙江、河南地域文化特征。本书中的地域主要以浙江、河南为例。浙江地域文化主要特征是：柔智温婉、开放兼容的精神品质；自强不息、开拓创新的精神动力；重利事功、经世致用的实践精神。河南地域文化主要特征是：传统中原文化是中华文明的发端地、传统中原文化内容博大精深、中原文化具有主流意识形态性和开放性。同时，本章介绍了浙江的郑义门、陈郡阳夏（今河南太康）历史上两大具有代表性的家族的优秀家风家史及其传承。第三章主要以浙江、河南为例，梳理了两省的历史脉络与家风家教的核心精神，以及两省家风家教的传承内容和传承方式，并介绍了传统家族的结构特点：聚族而居的村落结构、系统严密的家族组织、绝对权威的族长统治、遍及城乡的家庙祠堂、风气盛行的家谱修纂、普遍存在的族田设置。第四章主要阐述了地域文化下家风家教的现代性，包括社会主义核心价值观下的家风家教内涵，信息化时代家风家教的现实境遇和传承路径，介绍了现代家庭结构的类型和规模小型化、结构核心化、类型多元化、功能社会化的家庭结构特点，以及家风家教现代性的价值意蕴。第五章主要论述了地域文化影响下家风家教传统性与现代性耦合的行为机理，首先解读了"耦合"和"行为机理"的内涵，然后从时代的更替、家庭形式与个人观念的演变、家风家教传统与现代的契合点等几个方面阐述了家风家教的传统性与现代性耦合的行为机理，地域文化的变迁及其独特性也是促使家风家教传统性与现代性耦合的原因。第六章分别从地域传统家风家教内涵与社会主义核心价值观耦合机制、地域传统家风家教传承方式与新媒体技术耦合机制、地域传统家风家教传统性与现代性耦合的保障机制三个方面阐述了地域文化影响下家风家教的传统性与现代性耦合机制。第七章从微观角度论述了地域文化影响下家风家教传统性与现代性耦合的策略，包括结合时代特征扬弃传统家风家教中的内容、以家庭教育为主推力促进优秀家风家教传统与现代相结合、以地方名门望族的榜样示范作用促进优秀家风家教传统与现代相结合，以及以地域文化为背景促进家风家教传统与现代的耦合四个方面。第八章主要论述了地域文化影响下家风家教传统性与现代性耦合对青少年教育的作用、对家庭文化建设的作用、对社会主义核心价值观的培育作用和对社会文化的影响。第九章主要论述了存在问题与未来展望两个方面。

  本课题组成员在本书撰写过程中予以大力支持和帮助，感谢（名字不分先后）张艳红、赵培玉、叶潘虹、张望星、滕金燕、盛开放、付艳等为本书所付出的心血。

  由于水平有限，书中难免存在不足，敬请广大读者批评指正。

杨玉君
2024 年 3 月

目录

第一章　地域文化与家风家教　001

第二章　浙江、河南地域文化特征　021

第三章　地域文化下家风家教的传统性　046

第四章　地域文化下家风家教的现代性　076

第五章　地域文化影响下家风家教传统性与现代性耦合的行为机理　099

第六章　地域文化影响下家风家教的传统性与现代性耦合机制　129

第七章　地域文化影响下家风家教传统性与现代性耦合的微观策略　150

第八章　地域文化影响下家风家教传统性与现代性耦合作用　176

第九章　存在问题与未来展望　199

参考文献　212

第一章　地域文化与家风家教

一、地域文化

(一) 关于地域文化的相关研究

在深入研究地域文化时，可以从以下几个方面进行详细探讨。

1. 文化特征与历史演变

文化特征的分析：研究者可以深入探讨特定地区的文化特征，包括语言、宗教、风俗习惯、传统艺术等方面。对这些文化特征进行分析，可以了解到地域文化的独特之处及其与其他地区的异同之处。

历史演变的考察：研究地域文化的历史演变过程，可以揭示其形成与发展的脉络和规律。对历史文献、考古资料等进行研究，可以了解地域文化在不同历史时期的变化和演进。

2. 地域认同与文化传承

地域认同的形成：研究者可以通过调查问卷、深度访谈等方式，了解当地居民对地域的认同感及其形成的原因和影响因素，探讨地域认同对文化传承的作用和意义。

文化传承的方式和途径：研究者可以研究当地的文化传承方式和途径，包括口头传统、民间艺术、宗教仪式、节庆活动等。分析这些传承方式的特点和机制，有助于探讨其在当代社会中的作用和意义。

3. 社会结构与经济发展

社会结构与文化特征的关系：研究者可以分析地域文化与当地社会结构之间的关系，探讨地域文化对社会组织、社会分层、社会秩序等方面的影响。

经济发展与文化传承的关联：研究者可以探讨地域文化与经济发展之间的关系，分析地域文化对当地经济活动、产业发展、就业机会等方面的影响。

4. 地域文化与跨文化交流

文化融合与冲突：研究者可以分析地域文化与其他文化的相互影响，探讨文化融合与冲突的原因、过程和结果，以及如何促进文化交流的和谐发展。

文化转化与传播机制：研究者可以研究地域文化在跨文化交流中的转化和传播机制，分析文化传播的途径、方式和影响因素，探讨文化传播对地域文化的影响和意义。

5. 地域文化与文化产业

文化资源的开发利用：研究者可以分析地域文化资源的开发利用情况，探讨如何通过文化产业的发展促进地域文化的保护和传承。

文化产业的发展路径：研究者可以研究文化产业的发展路径和模式，探讨如何构建适合地域文化特点的文化产业发展模式，实现文化产业的可持续发展。

通过对以上方面的详细论述，研究者可以更加深入地理解地域文化的复杂性和多样性，为地域文化的保护、传承和发展提供理论支持和实践指导。

（二）地域文化概念的界定

地域文化是指特定地理区域内形成并延续的一套独特的文化现象和价值观体系，这种文化是由该地区的历史、地理环境、民族、宗教信仰、经济结构、社会制度等多种因素交织而成的。地域文化包括但不限于语言、风俗习惯、建筑风格、饮食文化、艺术表现形式、宗教信仰、传统节日等各个方面。

1. 历史和地理环境

历史背景：地域文化的形成往往根植于历史的沉淀。历史事件、文化交流、民族迁徙等都会对地域文化产生深远影响。例如，古代丝绸之路的贸易往来使中亚地区形成了独特的文化融合现象。

地理环境：地域的自然地理条件如气候、地形、土壤类型等会直接影响到人们的生产生活方式和文化特征。例如，山区文化和平原文化可能在建筑、农业习俗、饮食等方面有显著不同。

2. 民族和族群

语言和文字：不同民族拥有独特的语言和文字系统，这些语言和文字反映了他们的文化认同和传统。地域文化中的语言方言、口头传统和口头文学往往与特定的地理区域紧密相连。

传统习俗和仪式：不同地域的民族有着不同的传统习俗和仪式，如婚礼、葬礼、节日庆典等，这些习俗往往承载着特定文化的价值观。

3. 宗教信仰

宗教建筑和仪式：宗教建筑（如寺庙、教堂、清真寺等），以及宗教仪式和祭祀活动是地域文化的重要组成部分。宗教信仰深刻影响着人们的道德观念、行为规范及生活方式。

宗教节日和仪式：各个宗教都有自己的节日和仪式，这些节日和仪式是地域文化中的重要节点，人们通过庆祝和参与，表达对宗教信仰和传统的敬意和认同。

4. 经济结构和社会制度

职业分工和生产方式：地域的经济结构会直接影响当地人民的职业分工和生产方式，进而影响到其生活方式和文化特征。例如，农业社会的文化往往与耕作、丰收节庆等有着紧密联系。

社会制度和价值观：不同的社会制度和价值观会塑造不同地域文化中的人际关系、家庭观念、教育制度等。例如，集体主义和个人主义社会中的文化特征可能有着显著差异。

5.传统节日和习俗

节日庆典：地域文化中的传统节日和庆典是人们团聚、传承文化的重要场合，这些节日往往源于历史传统、宗教信仰或自然现象，人们通过庆祝和传承，加深了对文化的认同和情感联系。

民俗活动和民间艺术：民间艺术、手工艺品、传说故事等是地域文化的重要表现形式，反映了人们对生活的态度、情感表达和审美追求。

综上所述，地域文化是一个多维度的概念，受到地理、历史、民族、宗教、经济、社会等多种因素的影响。深入了解地域文化，可以更好地理解人类社会的多样性和丰富性，促进不同文化之间的交流、理解与合作。

（三）地域文化研究的意义

地域文化在文化传承、文化交流、学术研究、经济发展和社会建设方面发挥了重要作用。

1.保护和传承文化遗产

文化多样性的保护：地域文化研究有助于保护和传承各地独特的文化传统和特色，避免文化同质化。每个地域都有其独特的历史、传统习俗、艺术表现形式等，这些文化元素构成了丰富多样的文化遗产，而地域文化研究可以帮助人们更好地认识、理解和尊重不同地区的文化。

非物质文化遗产的保护：地域文化研究有助于保护和传承非物质文化遗产，如口头传统、民间艺术、传统技艺等。这些非物质文化遗产是人类文明的重要组成部分，确保其得到传承和发展，可以为后人留下宝贵的文化遗产。

2.促进文化交流与融合

文化多元性的促进：地域文化研究有助于促进不同地区、不同民族之间的文化交流与融合。通过深入了解不同地域的文化特点和历史背景，人们可以更好地进行文化交流，学习借鉴不同地域的优秀文化，从而丰富自己的文化体验和认知。

跨文化对话的促进：地域文化研究有助于促进跨文化对话和理解。在经济全球化的背景下，不同地区、不同文化之间的交流日益频繁，而地域文化研究可以成为促进跨文化对话的重要桥梁，促进不同文化之间的交流。

3. 拓展学术研究领域

跨学科研究的推动：地域文化研究涉及多个学科领域，如历史学、人类学、地理学、文化人类学等，有助于推动跨学科研究的发展。通过整合不同学科的理论和方法，人们可以更全面地理解和解释地域文化现象，为学术研究提供新的视角和方法。

学科理论和方法的深化：地域文化研究有助于深化相关学科的理论和方法。通过对地域文化的深入研究，人们可以发现新的问题、提出新的假设，并通过实证研究验证和完善相关学科的理论和方法。

4. 促进地方经济发展

文化旅游业的发展：地域文化研究可以为地方经济的发展提供新的动力。挖掘和保护本地的文化资源可以促进文化旅游业的发展，增加地方的经济收入和就业机会，提升地方经济的竞争力和吸引力。

文化创意产业的培育：地域文化研究有助于培育和发展文化创意产业。挖掘地方的文化特色和创意资源可以促进文化创意产业的发展，推动相关产业链的形成和完善，为地方经济的转型升级提供新的动力和支撑。

5. 增进社会认同和凝聚力

地域身份认同的加强：地域文化研究有助于增强人们对所属地域的认同感和归属感。深入了解地域的历史、文化和传统，可以增强对家乡的自豪感和责任感，促进地域身份认同的形成和加强。

社会凝聚力的提升：地域文化研究有助于提升社会凝聚力并促进社会稳定发展。共同的文化认同和情感联系可以增进人们的互信和合作，促进社会的和谐与稳定发展。

二、家风家教

（一）家风家教的相关研究

家风家教的相关研究涉及多个学科领域，包括心理学、教育学、社会学等，主要涉及以下几个方面。①家庭环境与儿童发展。良好的家庭环境对儿童的发展至关重要。良好的家庭环境包括父母的支持、关爱和指导，以及家庭的积极互动和沟通。温馨、稳定的家庭环境有助于儿童情感的稳定和自尊心的建立，而冷漠、紧张的家庭环境则可能对儿童的心理健康产生负面影响。②家庭教育方式与儿童行为。家长的教育方式对儿童的行为有重要影响。例如，过度严厉或溺爱的教育方式可能导致儿童行为问题的出现，而温和、支持性的教育方式则有助于儿童行为的积极发展。同时，家长的榜样作用对儿童行为的塑造至关重要。家长的行为和态度往往会被儿童模仿，因此良好的家风对儿童的行为具有重要影响。③家庭价值观传递与文化认同。家庭是文化传承的重要渠道，家庭中的价值观传递对于儿童的文化认同和社会适应至关重要。例如，对尊重长辈、孝顺等传统价值观的重视，有助于儿童形成积极的个人认同和提升社会适应能力。④跨文化研究与家庭教育差异。跨文化研究揭示了不同文化背景下的家庭教育差异。不同文化对教育方式、家庭角色和权威观念等有着不同的偏好和传统。⑤家庭教育与社会问题。缺乏良好家庭教育的孩子更容易产生不良行为和社会问题，而家庭教育良好的孩子心态较好，更自信也更乐观。

家风家教的相关研究涵盖了家庭环境与儿童发展、家庭教育方式与儿童行为、家庭价值观传递与文化认同、跨文化研究与家庭教育差异及家庭教育与社会问题等多个方面，为理解和促进家庭教育的发展提供了重要的理论支持和实证依据。

（二）家风家教的概念

"家风又称门风，是一个家庭或一个家族历经世代沉淀、承继和发展所形成的独特稳定持久的风气、风格和风尚，是一个家庭（族）在世代繁衍过程中逐步形成的较为稳定的生活作风、生活方式、传统习惯、道德规范和为人处世之道的总和。家风是一个家庭（族）的精神内核，也是社会的价值缩影，更是世风民风的重要组成部分。"[1] 家教即家庭教育，家风既存在于名门望族又存在于普通家庭，家风具有稳定性、持久性、继承性，家风对于一个家庭成员的成长具有决定性作用。家风通常以生活经验、实践智慧或价值理念的形式蕴含于家训、家规、族谱等文献载体中，也以实践理性的样态渗透在家庭成员的日常行为中"。[2]

家教是在家庭或家族中展开的对其成员的涵养教化，尤其是对下一代的教导与培育。家风本身就是一种润物无声、耳濡目染式的家教；家教既是家风的传承方式，也是一种家风。可以这么说，家庭成员在日常生活中代际传播的家风就是家教，对家教进行文字的提炼就是家训。也就是说，家教、家训都是家风的一种体现，隶属于家风文化的范畴，家风相对而言是一种润物无声、潜移默化、耳濡目染的教育力量，侧重于"无形的身教"；家教、家训相对而言是有形的言传。无形的家风通过有形的家教、家训表现出来。

（三）传统与现代家庭教育观念的比较

传统与现代家庭教育观念在很多方面存在差异，主要体现在以下几个方面。

1. 权威性与民主性

传统家庭教育强调父母的权威地位。在传统家庭中，父母通常被视为家庭的领导者，他们的话语具有绝对性，子女需要尊重和服从父母的意愿和规则。在这种家庭结构下，父母具有非常强的权威，孩子通常被要求遵循家庭的传统和价值观。现代家庭教育更倾向于民主化，父母更愿意和孩子进行平等的沟通和协商，尊重孩子的个性和意愿。在现代家庭中，父母更倾向于成为孩子的引导者和支持者，而不是简单的指导者。他们鼓励孩子表达自己的想法，并尊重孩子的独立性。

---

[1] 杨云. 浙江名人家风研究：传承、创新与弘扬 [M]. 杭州：浙江工商大学出版社，2019.
[2] 李建华. 家风家教：激发传统文化正能量 [N]. 中国教育报，2014-04-18（06）.

2.教育方式

传统家庭教育通常采用严格的管教方式，父母往往强调纪律和服从，重视惩罚和奖励。在传统家庭中，父母可能会采取严厉的态度对待孩子的错误行为，以确保孩子遵守家规和社会规范。现代家庭更注重启发式教育，父母更倾向于培养孩子的自主性和独立性，鼓励孩子自己思考和解决问题。现代家庭中的父母更愿意和孩子进行积极的情感沟通，关注孩子的情感需求，并为其提供支持和指导，而不是简单地依靠惩罚来约束孩子。

3.家庭角色分工

传统家庭中存在着明确的家庭角色分工。父亲通常被期望成为家庭的经济支柱和外部决策者，他们负责外出工作和养家糊口；母亲则通常被期望负责家庭生活的琐事和子女的教育，她们被认为是家庭的主妇和子女的第一任老师。现代家庭更倾向于共同承担家庭责任。父母之间的角色分工不再那么刻板，更多地依据个人的职业和家庭情况进行协商和分配。现代家庭中的父母更倾向于共同参与子女的成长和教育，从期望子女成长转向亲子共同成长。[1]

4.教育目标

传统家庭教育的目标通常是孩子听话、孝顺和遵守传统价值观，父母强调知识传授和道德礼仪的教育，鼓励孩子遵守家规和社会规范。现代家庭教育更注重培养孩子的个性发展和自我实现。现代家庭中的父母更关注孩子的幸福感和自主性，他们更愿意支持孩子追求自己的兴趣和梦想，鼓励他们发展自己的创造力和批判性思维。

总之，传统与现代家庭教育观念在权威性与民主性、教育方式、家庭角色分工、教育目标等方面存在明显的差异，这反映了社会发展和家庭结构变化的不同。

---

[1] 黄可滢.家庭教育的价值重建与实践改进：学校家庭教育指导的创新实践[J].中小学德育，2023（12）：49-51.

（四）家风家教对个体成长的重要性

在探讨家风家教对个体成长的重要性时，需要深入探讨其在多个方面的影响，主要体现在以下几个方面。

1. 情感和心理健康的发展

温暖、支持性的家庭氛围对个体的情感发展至关重要。父母之间的亲密关系以及家庭成员之间的情感互动可以促进个体的情感联结和情感表达能力的提高。在一个稳定、温馨的家庭环境中，个体可以建立起情感的安全感，从而更容易处理日常生活中的挑战和压力。良好的家庭教育可以促进个体自尊心和自信心的建立。"亲子关系、亲子沟通和父母支持等内容是家庭功能良性运行的重要体现，良好的家庭功能对儿童不受欺凌有着良好的保护效应。"[①]

2. 价值观和道德观的形成

家庭是传统价值观传承的主要场所。通过家庭教育，个体接受家庭中代代相传的道德观念、行为准则和文化传统。家长的行为和态度对个体价值观的形成具有重要影响。良好的家风家教通过父母的言传身教，向个体展示了正确的道德行为和价值取向。

3. 社会技能和人际关系的发展

在家庭中，个体学习与家庭成员合作、分享和互助的技能，这些技能对个体在社会中适应能力的提高和人际关系的建立具有重要意义。家庭是个体学习冲突解决和沟通技巧的重要场所。在家庭中，个体能够学会尊重他人、理解他人，并学会通过积极的沟通方式解决问题。

4. 学习兴趣和自我发展的激发

家庭教育不仅是知识传授，还应该是一种启发式的教育方式。良好的家庭教育可以激发个体的学习兴趣，培养其探索和创造的精神。在家庭中，个

[①] 马郑豫，杨圆圆，苏志强. 童年期儿童受欺凌发展的亚群组及其与家庭功能的关系：一项2年追踪研究[J]. 中国临床心理学杂志，2024，32（2）：323-329.

体有机会展现自己的特长和兴趣爱好。父母的支持和鼓励可以帮助个体充分发展自己的个性和潜力。

5.社会责任感和公民意识的培养

家庭教育是培养个体社会责任感的重要途径之一。通过参与家庭事务，个体能够学会承担责任和关心他人。良好的家风家教可以激发个体参与社会公益活动的热情，培养其对社会的责任感和公民意识，使其成为积极的社会成员。

总的来说，家风家教对个体成长的重要性体现在情感和心理健康的发展、价值观和道德观的形成、社会技能和人际关系的发展、学习兴趣和自我发展的激发以及社会责任感和公民意识的培养等多个方面。良好的家庭教育环境有助于个体全面发展，为其未来的成功和幸福打下坚实的基础。

（五）家风家教研究的马克思主义理论渊源和伦理渊源

德国思想家弗里德希里·恩格斯在《家庭、私有制和国家的起源》的开篇序言中指出："根据唯物主义观点，历史中的决定性因素，归根结底是直接生活的生产和再生产。但是，生活本身又有两种。一方面是生活资料即食物、衣服、住房以及为此所必需的工具的生产；另一方面是人自身的生产，即种的繁衍。一定历史时代和一定地区内的人们生活于其下的社会制度，受着两种生产的制约：一方面受劳动的发展阶段的制约，另一方面受家庭的发展阶段的制约。"[①] 恩格斯的《家庭、私有制和国家的起源》成为马克思主义妇女解放的重要理论基础，马克思还从"人自身的生产"角度运用唯物史观论述了家庭变迁的历史。如果从"人自身的生产"角度出发，家庭教育对劳动力再生产具有重要的作用，从生育到养育，良好的家庭教育才能生产出更合格的劳动力进入市场，实现代际的传承，而良好的家教才能形成良好的家风。

---

① 中共中央马克思恩格斯列宁斯大林著作编译局.马克思恩格斯文集（第4卷）[M]. 北京：人民出版社，2009：15-16.

三、地域文化与家风家教的关系

(一)地域文化中的优秀因子影响家风家教建设的内容和传承

1.地域精神影响家风家教的建设内容

研究地域精神不是边缘或者弱化民族精神,而是使民族精神更加深入。家风家教是在一定地域文化背景下产生的,受地域文化的影响,一个地域的家风家教也是该地域文化的重要组成部分,从侧面展示地域文化。下面以河南和浙江为例,研究地域文化中的优秀因子对家风家教的影响。每一个地域都有地域精神,这些地域精神从某些侧面影响着家风家教的内容。把这些精神融入家风家教,丰富家风家教的内容,对加强家风家教建设具有重要的意义。

"河南精神"是河南文化的重要组成部分,是河南人民在创造物质财富的同时创立的精神财富,是优秀传统文化和时代精神相结合的产物,是鼓舞河南人民奋力前进的精神动力。把河南精神中的爱国奉献、忧国忧民、刚健勤劳、自强不息、团结贵和、勤俭务实、励精图治、开拓进取精神融入地方家风家教内容,能够促进优良家风的形成。河南历史上忧国忧民的案例有很多,从古至今忧国忧民是融入河南人民血液的,古有花木兰替父从军、岳飞精忠报国,革命时期有吉鸿昌、杨靖宇、彭雪枫爱国奉献,当代有史来贺立党为公、执政为民。河南人民在"刚健勤劳、自强不息"精神的驱动下创造了一个又一个奇迹,远古有大禹治水、愚公移山等,现代有"人造天河"红旗渠。"团结贵和、勤俭务实"是河南精神的一个重要的特点,重和,讲究兼容并蓄,体现出中原人的厚重品格和睿哲智慧。热爱劳动、不畏艰苦、敬业节用、勤俭持家、以俭富国的勤俭务实精神是河南人民的传统美德,当代河南大地上刘庄、南街、小冀、竹林等典型不断涌现,并以其辐射力形成一个个群体乃至连成一片,是团结贵和、勤俭务实的河南精神的现实展现。"励精图治、开拓进取"是河南精神的另一个重要特点。地处中原的河南在南宋以前一直是中国政治、经济、文化的中心,孕育了很多顺应时代发展潮流的改革家、政治家,他们革故鼎新、变法图强,推动社会发展与进步;商业鼻祖王亥、第一儒商子贡、第一爱国商人弦高、第一护商丞相子产等拥有许多商业第一的头衔。河南省拥有许多著名企业，粮食加工规模和畜禽加工规模全国领先，方便面、饼干、速冻食品市场占有率全国领先。河南精神中的这些案例激励着一代又一代的河南人，这些宝贵的精神财富应当成为河南家风家教中的重要内容。

浙江精神中包含的丰富内容也应该融入当地的家风家教。2000年，浙江省将浙江精神提炼为"自强不息、坚韧不拔、勇于创新、讲求实效"。随着时代的发展，2005年在兼顾浙江各个地方精神的个性特点和差异的基础上，浙江精神被定为"求真务实、诚信和谐、开放图强"12个字。浙江精神内涵丰富，具有充满浙江地域文化个性和特色的价值取向，这些内涵丰富的浙江精神的优秀因子应该融入浙江的家风家教。首先，将"求真务实"的浙江精神融入家风家教，能够培养更多追求真理、遵循规律、崇尚科学、尊重实际、注重实干、讲求实效的新时代人才。求真务实精神下的浙江人吃苦耐劳、务实开拓、强调主体自觉性，当代浙江人在实践中激发了创新、创业、创造的智慧和勇气。其次，将"诚信和谐"的浙江精神融入地方家风家教，更有利于形成良好的家风，培养新时代继承人。重规则、守契约、讲信用、言必行、行必果，和谐是人与人的和谐、人与自然的和谐，浙江自古至今关于诚信和谐的案例很多，浙商以"义利双行"为价值旨归，树立了讲义守信的朴素诚信观。例如，胡庆余堂的"采办务真""真不二价"，先秦的陶朱公范蠡人富而仁义附、"人我共生"的和谐典范，等等。最后，将"开放图强"的浙江精神融入地方家风家教，能够培养具有海纳百川、兼容并蓄的开放精神和励志奋进、奔竞不息的图强精神的新一代浙江人。例如，古越族人为了生存向海外迁徙；唐宋以后，浙江成为东亚文化的集散地；浙江以开放的环境吸收内陆文化和海洋文化；奉帮裁缝做出了第一套西装；1978年后浙江创下众多的"全国第一"。新时代下，这些精神都应当融入家风家教，充分发扬光大。

2.地域名人文化影响现代家风家教建设

地域名人对地方的影响较大，研究名人家训并继承其优良的家风对推动地域优良家风的形成具有重要的作用。具体来说，可以研究名人家训中蕴含的亲情与仁爱、恭敬与礼制、宗祖与传承、身教与躬行、齐家与治国等内容。名人家训传承的形式各种各样，有的已形成了完整的家训文字，如"江南第一家"有家训《郑氏规范》一百六十八条，涉及孝义、祠堂、祭祀、理财、教育、入仕、妇女言行、交友、相邻关系等，非常全面和完备。《郑氏规范》以修身、齐家、治国、平天下为宗旨，不仅奠定了郑氏家族兴旺的根基，还给后人留下了宝贵的精神财富。有的名人家训虽然没有形成完整的家训规范，但是靠家族中有威望的长辈言传身教进行传承，如魏晋时期河南的谢氏家风，以由家族长辈带领晚辈讲论文义的家庭聚会模式而得以延续。还有的家训内容以家书的形式被保存下来。名人故居是名人生活或成名的地方，各个地方的名人故居非常多，如浙江的于谦故居、虞洽卿故居、张静江故居、王国维故居、鲁迅故居、龚自珍故居、艾青故居、郁达夫故居、周恩来故居、钱学森故居、王阳明故居、蔡元培故居、沈钧儒故居、胡雪岩故居、陈望道故居；河南的白居易故居、杜甫故里、玄奘故里、姜太公故里、岳飞故居、许世友故居、尤太忠将军故居。这些名人故居承载着名人生活的痕迹和名人精神，被世人参观、游览的同时，其精神也被潜移默化地传播。地域名人对地方的影响很大，人们通过名人故居能够了解名人成长和成功的家庭因素。名人故居对名人文化的传播和辐射具有重要的作用，对于提高民众对家风家教在人才成长中的重要作用的认识具有重要的作用，能够推动家风家教的发展。因此，地域名人文化作为地域文化的重要组成部分，应当融入地方家风家教，以促进地方家风家教的发展，丰富地方家风家教的内涵。

3.地域民俗文化影响现代家风家教建设

"每个民族都有自己的文化符号，每个民族也都旨在通过强化一些民俗活动使其文化符号得到稳固并深入人心。民俗又是一个民族在悠久的历史变迁中形成的民风习俗，它一旦成形，就被绝大多数民众所遵循和维护，并且以一脉相承的形式或程式承载起这个民族文化心理的传递重担。因此，民俗具有深厚的文化底蕴和文化渗透力。"① 地方民俗文化与地方人民的生活紧密联系，凸显了地域文化的个性。地方民俗文化深入地方人民的生活，对地方家风家教的影响也颇深。各个地方的民俗及其所传递的民俗文化各不相同。例如，河南具有丰富的武术资源，如嵩山少林寺的少林拳，温县陈家沟的陈氏太极拳，荥阳苌家拳等促进了现代家风家教的发展。武术文化包含健身、防身、修身的意义，武术的最高境界是儒家学说的"致中和"和道家"无为而无不为"的精神。武术精神蕴含着民族精神，是培养和激发民族自尊心、自信心、自豪感的有效手段。借助河南丰富的武术资源，把武术精神的优秀因子融入地方家风家教，可以丰富地方家风家教的内容，促进地方家风家教的现代化。

"饮食作为一种文化现象，我们认为它是人类为了生存和提高生命质量，在长期的饮食历史实践中，创造和积累的一切物质财富和精神财富。它所研究的是食物原料的开发利用、制作和饮食活动中的科学技术、艺术、宗教以及以饮食为基础的传统习俗、礼仪、思想和哲学。"② 饮食文化通过饮食习惯和饮食礼仪、饮食禁忌所传递的地域文化深入人们的生活，影响着家风家教的内容和传承。无论是"食不言，寝不语"，还是"谁知盘中餐，粒粒皆辛苦"，抑或是"长辈座上座，长辈先动筷"等都传递着生活的哲学及孝义。饮食文化具有很显著的地域特点，与地理环境及人们的生活习惯有很大的关系。河南饮食中的"胡辣汤""烩面"既反映了中原人的包容，又展现了黄河泛滥、兵荒马乱时代人们的匆忙。饮食文化是家风家教的重要影响因子，通过餐桌实现代际传承，向子孙传递着以饮食为基础的传统习俗、礼仪、思想和哲学。饮食文化与家风家教相融合，可以使家风家教在"吃""喝"之间实现代际传承，同时将饮食文化包含的优秀因子以潜移默化的形式传承下去。

每一个地方婚丧嫁娶的程序和礼节各不相同，呈现地域特点，是以民俗形式呈现的地域文化。婚丧嫁娶是人生的大事，每个地方的婚丧嫁娶都有自

---

① 罗昌智. 浙江文化教程[M]. 杭州：浙江工商大学出版社，2009：123.
② 张新斌. 中原文化解读[M]. 郑州：文心出版社，2007：321.

己的特点，因此婚丧嫁娶是家庭教育中必须涉及的内容，影响着家风家教的形成。

传说是广大民众创作的与一定的历史人物、历史事件和地方古迹、自然风物、社会习俗有关的故事，包括人物传说、史事传说、地方风物传说等，民间传说具有重要的历史价值、知识教育价值和较强的实用性，寄寓着民众对各类历史人物和事件的评价，是民众历史情感的重要载体。民间传说通过一代代的口授形式流传下来，已成为老百姓家风的一部分，借助各类传说传递的优秀精神也可以促进良好家风的形成。

4. 地域特色文化影响现代家风家教建设

河南比较突出的特色区域文化之一是始祖文化。始祖文化重视乡土之情、依恋本源，讲究重生报本、尊祖敬宗，分开发和利用河南始祖文化，并将其融入家风家教，有利于形成孝义的家风家教。河南的始祖文化资源很多，如盘古开天辟地、燧人氏、太昊伏羲氏和伏羲陵、中华人文始母女娲、娲皇之都西华县女娲城、灵宝女娲陵、农业始祖炎帝神农氏、中华文明之祖黄帝、黄帝故里、黄帝陵、黄帝元妃蚕神嫘祖等。姓氏文化是河南另一突出的特色区域文化，厘清家族的渊源关系，有利于弘扬家族的优良传统，有利于由家族的认同扩大到国家的认同，有利于由宗族的团结扩大到民族的团结。把姓氏文化中所传递的对宗族的认同和对国家的认同融入家风家教，能够培养爱家爱国的优秀公民，并形成良好的家风。

浙江比较突出的特色文化即浙商精神。浙商有"天下第一商帮"之称，具有独特的商帮文化。浙江有蜚声古今的商帮，如无远弗届的龙游帮、儒蕴犹存的南浔帮、风雨不倒的宁波帮，现代浙商还有龙游商帮、南浔商人、婺商、江浙财团及各地的浙江商人团体。现代浙商从1978年到现在经历了以胡雪岩为代表的第一代，以邹国营、马云等为代表的第二代，以及正在蓬勃发展的互联网熏陶下的第三代。浙商朴实肯干、诚实守信，具有超强的生存与发展能力，以及敢为天下先的创新精神、强烈的同乡团结精神、富不忘回馈社会的精神等，将浙商精神中的这些优秀因子融入地方家风家教，能够促进地方良好家风家教的形成和发展。

(二)家风家教影响地域文化的内涵和传承

1. 地域名人家风家教增加了地域文化的厚度

"山不在高,有仙则名。水不在深,有龙则灵。"提到某一个地域,人们首先想到的是这一地域的名人、名山、名川、特产等。名人往往可以成为一个地方的名片,名人文化增加了地域文化的厚度,拥有名人的地域文化就像陈年老酒一样十里飘香,而名人家风家教是名人文化的重要组成部分。名人之所以成为名人,是因为其杰出的才能和对社会的杰出贡献。名人的成长离不开良好家风的熏陶,也离不开特定的社会背景。当年,郑氏三兄弟郑渥、郑滉、郑淮,崇尚儒家文化,于是共同定居于充满着儒家文化气息的浙江省浦江县。他们三人被当地人称为"三郑",成了浦江郑氏的开基之祖。是浦江的儒家文化气息吸引着郑氏子孙来此居住,而后形成被称为"江南第一家"的郑氏家族。闻名遐迩的郑氏家族成为浦江的一块招牌和名片,浦江因郑氏家族而更加闻名。郑氏家族历经宋、元、明三个朝代,他们同居共食,耕读传家,孝义治家。随着时间的流逝,郑氏家族的辉煌已经不再,但是郑氏家风深刻影响着当地民风。《郑氏规范》是郑氏家族的治家宝典,对后人尤其是浦江及其周边地区的家风家教影响颇大,浦江郑宅镇每年都要评选出"孝义之家""孝顺女儿",先富之人捐出钱财资助福利事业,重视青少年教育,邻里和睦相处、相互支持,热情招待外来客人。经过保护和开发,"江南第一家"所在地成了旅游胜地和国家级历史名镇。郑氏祠堂、孝感泉、建文井、老佛社等景点讲述着曾经的郑义门的故事,熏陶着游客,也熏陶着本地的文化。作为历史上兵家必争之地,河南也曾是人才辈出的地方。始祖文化、姓氏文化等使河南文化具有深厚的文化底蕴,而河南地域名人层出不穷,名人家风家教影响着当地的民风和地域文化。东晋杰出的政治家谢安、唐代名臣长孙无忌、北宋著名史学家司马光、南宋精忠报国的岳飞、明末铮铮铁骨的史可法等名人增加了河南文化的厚度,使河南文化悠远而深邃。

2. 良好的家风家教助推地域良好社会秩序的建构

广义的地域文化特指中华大地不同区域物质财富和精神财富的总和,狭义的地域文化专指中华大地特定区域源远流长、独具特色且传承至今仍发挥作用的文化传统。家风作为一种代际相传的精神文化，是地域文化的重要组成部分。民风淳朴、奋进创新既指某一地域的精神文化，又指地域的家风。家风是一个家庭或家族经过长期的积淀而形成的，家风的形成离不开地域文化的背景，而良好家风的形成又助推地域良好社会秩序的建构。家风家教中传递着修身立命的精神，注重自我修养、睦亲齐家，古语有"苟家人之居正，则天下之无邪"，家风正则国定，家风通过影响个人的成长而影响社会秩序的建立，影响区域秩序的构建。"江南第一家"郑氏家族以孝义治家，因郑氏家族"孝义"的名声而被推荐做官并委以要职的多达47人，"灼臂吁天"的郑钦为了能治好母亲的病而灼伤自己的手臂，以及划破手臂取血为父亲治病的故事，都是郑氏家族"孝"的见证。郑氏家族还要求其子孙照顾乡邻、与人为善，设立了"义冢"赈济老弱、救济乡里。郑氏家族这种"孝义"之风有助于社会的稳定和良好秩序的建立。

在中国的传统文化中，"修身、齐家、治国、平天下"四者是不可割裂的，家庭的风气和国家治理之间具有直接而深入的互动影响，一个地域的家风也直接影响着地域文化。中国历史上有很多受家风中鞠躬尽瘁、忠君爱国的思想熏陶的名人，如"先天下之忧而忧，后天下之乐而乐"的范仲淹，"苟利国家生死以，岂因祸福避趋之"的林则徐，精忠报国的岳飞，等等。这些名人的爱国精神是地域精神的重要组成部分，也经过历史的沉淀成为民族精神的重要组成部分。"奉公守法、恪尽职守"是很多家风的重要内容，良好的社会运转要求每一个社会人奉公守法，从职业的角度出发，恪尽职守。当代中国是法治国家，培养奉公守法的公民有利于法治社会的形成。"勤于政事、谦敬恤民、清廉自守、勿贪勿奢"的家风家教培养了大批清廉自守、德行高洁的官员，有助于形成政清民和的社会风气。历史上清廉自守、勤政爱民的官员很多，他们名声在外，影响着一代又一代的人。例如，范仲淹一生"先天下之忧而忧，后天下之乐而乐"，他每到一个地方都要大力整顿官僚机构、去除弊政。后范仲淹被贬，在原籍建立义庄救济同宗和其他有需要的人。范氏义庄是我国慈善事业的典范，范仲淹坦坦荡荡、兢兢业业、为国为民的精神，既是地域精神也是民族精神，激励着一代又一代的人。晚清名臣曾国藩勤勉做事，以德为官，强调礼治、忠恕之道，并用自己的言行教育和影响其子女、宗族及门生。书信集《曾国藩家书》记录了曾国藩在清朝道光二十年（1840年）至同治十年（1871年）前后的翰苑和从武生涯，近1500封，所涉及的内容极为广泛，是曾国藩一生的主要活动及其治政、治家、治学之道的生动反映，家书中对子女的谆谆教导是曾氏家风家教的体现和传递。家风家教对于培养优秀的公民具有不可替代的作用，而高素质的公民是建立良好社会秩序的重要基础，家风中的家国同构思想更是建立社会良好秩序的助推器。名人家风家教对地域的影响更大，起到模范带动作用，并影响一方的人。

3. 家风家教是传承地域文化精神内涵的重要途径

地域文化具有地域性、亲缘性和稳定性。家风是地域文化的重要组成部分，是在一定的地域文化背景下形成的，家风家教中折射出地域文化的特点。家教在代际传承的过程中，也在传承地域文化。家风家教需要在日常生活中落实到细节中，家风的传承过程也是地域文化的传承过程。家风家教对地域文化的传承表现在以下几个方面。

第一，名人文化中地域文化的传承。历史上很多名人都留有家训或家规，有的有系统的记录和成文的样本，如《郑氏规范》；有些家训家规没有系统的记录和成文的样本，而是靠代代口头或以身相传，如魏晋时期的谢氏家训。这些成文或不成文的家风家训都能折射出当时的历史背景或地域文化背景。"江南第一家"郑氏家族以孝传家、世代同居的家训折射出当时社会的动荡不安，家族世代同居能够同舟共济，而统治者对郑氏家族的旌表也是因为世代同居有利于管理。郑氏的以孝传家折射出当时儒家文化在浦江备受尊崇，儒家中的孝文化对郑氏家族的影响颇深，而郑氏家族也把这种孝义发扬光大，并把影响扩展到周边。河南魏晋时期的谢氏家风家训从崇儒到崇玄，形成了内儒外玄的家风，折射出当时的河南地域儒学渐衰、玄学渐盛的状态。

第二，家风家教中关于饮食文化的传承。"不同的民族因其长期赖以生活的自然环境、气候条件、经济生活、生产经营的内容、生产力水平与技术的不同，以及各地区人们所索取的食物对象和宗教信仰存在差别，从而形成了以共同的区域经济文化为基础的具有共同经济生活、共同饮食礼节与禁忌、共同饮食风格、共同饮食制作技法的具有区域或地方饮食特质而有别于其他民族的文化实体，即形成了各自不同的饮食文化。"[①] 饮食文化也是家风家教中所要传承的重要内容。食物原料文化中所传递的饮食习惯和饮食礼仪、饮食禁忌，人们对生命质量的追求，饮食的开发利用、制作和饮食活动中的科学技术、艺术、宗教以及以饮食为基础的传统习俗、礼仪、思想和哲学，都包含着地域文化的精神，并通过饮食文化代代传承。

第三，家风家训文化中关于地方精神的传承。家风家训是在一定的区域文化背景下产生的，因此家风家训和地域精神密不可分，家风家训包含着地域精神，地域精神通过家风家训传承下来。浙江商业文明历史悠久，浙商精神中的"求真务实、诚信和谐、开放图强"在浙江家风家训中得到了很好的继承。胡则是婺州永康（今浙江金华永康）人，是宋朝婺州的第一个进士，是宋太宗、宋真宗、宋仁宗三朝名臣，他秉承着实干兴业、勤政为民的思想做到了为官一任造福一方，范仲淹评价其"公出处三朝，始终一德，或雍容于近侍，或偃息于外邦"。胡则晚年和弟弟胡赈创立了胡氏祖训，后胡氏子弟根据胡则、胡赈制定的祖训制定了《胡氏家训》，要求其子孙在自己所从事的行业中勤勤恳恳、兢兢业业。浙江精神中的"求真务实"在《胡氏家训》中得到了很好的体现和继承。"诚信和谐"的浙江精神在浙江名人家风家训中也得以彰显，如王羲之的家训仅有短短的24字：上治下治，敬宗睦族；执事有恪，厥功为懋；敦厚退让，积善余庆。王羲之的家训讲究"敦、厚、退、让"，注重和睦的敦厚仁义的家风。除此之外，袁黄的"隐恶扬善，迁善改过"，盘溪何氏的"清雅淡泊，立在贤德"，汪辉祖的"以身涉世，莫要于信"，西溪洪氏的"和敵忠厚，造福桑梓"，都显示出家风家教的重要性。

[①] 张新斌.中原文化解读[M].郑州：文心出版社，2007：321.

孙兰英等学者指出,中国传统文化就是一种教育化的文化,中国传统的家风家教就是一种文化的教育。[①] 家风家教是在一定的地域文化背景下产生的,地域文化影响着家风家教的内涵,家风家教的内容彰显了地域文化的实质,地域文化充实了家风家教的内容,家风家教是传承地域文化的重要途径,家风家教通过代际传承下来。

[①] 孙兰英,卢婉婷.家风家教是培育和践行社会主义核心价值观的基础[J].思想教育研究,2014(12):80-83.

第二章　浙江、河南地域文化特征

一、浙江地域文化特征

（一）柔智温婉、开放兼容的精神品质

数千年的地域生态环境与精神积淀形成不同的区域文化，中华文化按照生态结构分，大体有"山文化"与"水文化"之分，山文化粗犷、刚毅、朴厚、深沉，稳健如泰山之不移；水文化阴柔、善变、奔放、兼容、灵动如灵兽之机敏。浙江山川灵秀，湖泊密布，有"七山一水二分田"之称，形成了以水文化为特征的区域文化。浙江文化的背景是水，柔智而温婉，充满灵性，"山水有灵，亦当惊知己于千古矣"[①]"凡民函五常之性，而其刚柔缓急，音声不同，系水土之风气"[②]，水文化孕育了大量具有灵性的文人墨客，戴望舒、郁达夫、徐志摩都是杰出的代表。水的柔性与灵性也激发和开启了浙江人的智巧，浙江人善于抓住机遇，不怕困难，不断开拓自己的生存空间，形成了独特的浙商文化。

浙江具有悠久的历史，浙江人的祖先——古建德人在这里落户，古越（越人早期生活在浙江东部的宁绍平原和浙西北部的杭嘉平原，浙江是百越文化的发祥地）先民以其独特的生活方式，形成了勤劳进取、勇悍刚烈的古越民风，构成了浙江农耕文明和海洋文明兼具的文化特征。水文化的博大浩

---

① 郦道元.水经注[M].上海：上海古籍出版社，1990：35.
② 周振鹤.汉书地理志汇释[M].合肥：安徽教育出版社，2006：117.

瀚造就了浙江文化的开放与兼容性。由于中原战乱，中原人口数次南迁，因此中原文化对浙江文化产生了重大的影响，浙江文化自古又与闽粤文化和吴越文化交融相通。唐宋以后，浙江成为东亚文化的集散地。到了近代，浙江人以开放的态度迎接新事物，追求不断进步。上海开埠之初吸引了来自宁波的船员、木匠和洗衣工，还有来自浙江的被人们称为"奉帮"的裁缝，他们做出了第一套西装和第一套中山装。浙江人勇于走出去，为了改善生存环境，浙江人以兼容并蓄的开放态度走出去，带来了很多外来优秀的东西。1978年以后，浙江人走南闯北，浙江老板名满中国，浙江经济发展也拿下了很多全国第一：发放第一个工商执照、建设第一个新型农民城、建设第一个城镇专业市场。开放兼容的精神使浙江发展得越来越好。

（二）自强不息、开拓创新的精神动力

水之柔培养了柔智温婉、开放兼容的浙江文化，水之动濡养了勇于冒险、开拓创新的精神，而勇于冒险、开拓创新的精神又成为浙江发展的精神动力。古越先民生活在长江下游的太湖和钱塘江湾及沿海地区，在长期与水患灾难作斗争的过程中，他们养成了眼界开阔、开拓创新的思维，并利用水资源的优势创造了古老的农业文明。余姚河姆渡遗址发现了大量的稻谷、稻秆、稻壳和稻叶，证明古越先民进行了人工栽培水稻。秦汉以后，古越先民学习南下的北方人的长处，最终使浙江的经济文化逐渐上升并赶超北方。古越先民具有自由的个性，他们从不固守家园，为了扩大生存的空间，他们不断地迁徙。公元前468年，勾践迁都琅琊；公元前379年，"于越迁于吴"；公元前333年，越王无疆为楚所败后回走"南山"；迁徙的生涯培养了浙江人勇于冒险、开拓进取、勇于创新的精神。一部浙江史就是一部浙江人坚韧不拔、自强不息的奋斗史：越王勾践忍辱负重"十年生聚，十年教训"，终于击败吴国；南宋宁海人胡三省穷其一生为《资治通鉴》作注；五代十国时期的钱王保境安民、纳土归宋；等等。

浙江人的创新精神还表现在对新思想的接收和容纳上。佛教在两汉时期自印度传入中国，后又在东汉末年传入越地，迅速对浙江人产生影响，其中

有名望的高僧包括安世高、支谦、康僧会。南朝乃至隋、唐、五代，浙江佛教发展进入鼎盛时期，并出现了不同的派别，其教理富有思辨习惯，哲理性强，成为佛教理论中的代表。明末，大批西方基督教徒来中国传教，并带来了西方文化思想和科学技术，浙江学者对西方的科学和文化思想产生了浓厚的兴趣，并出现了一批介绍西方科学思想的著名学者，李之藻、杨廷筠、黄宗羲、张岱、李善兰等就是其中代表。到了近代，具有开拓、进取、创新精神的浙江人较其他地区的中国人更早地走出国门，学习西方资产阶级的文化和思想，在资产阶级民主的熏陶下，一些人参与反对清王朝、推翻专制制度的革命斗争，其中典型代表包括陶成章、秋瑾、徐锡麟。

在开拓、进取、创新的浙江文化的熏陶下，浙江在文学、艺术、哲学、科学等方面人才辈出，东汉时期的王充著有《讥俗节义》《政务之书》《养性之书》和彪炳史册的名著《论衡》。《论衡》中所传递的无神论至今给人以启迪。明清时期的绍兴师爷（师爷是明清时期地方官署中主管官员聘请的帮助自己处理刑名、钱谷、文案等事务的无官职佐理人员）文化彰显出浙江人的智慧与灵性，绍兴师爷极多，几乎遍布中国。清代的俗谚"无绍不成衙"说的就是绍兴籍贯的师爷和书吏，可见当时绍兴师爷的数量之多、影响之大。这是因为绍兴的教育兴盛，读书人较多，而科考竞争激烈，许多人科考不顺就选择了师爷这条路，由此也可以看出绍兴人不墨守成规、乐于迁徙、开拓进取的精神。近代浙江更是大放异彩，出现了一大批学贯中西、闻名中外的大家，浙江海宁人王国维是第一个把尼采哲学引进中国的人；近代著名的教育家蔡元培曾任南京临时政府教育总长、北京大学校长，提出了"思想自由、兼容并包"的办学理念，对中国教育产生了深远影响；弃医从文的文学巨匠鲁迅的杂文惊醒了一代国人。此外，还有竺可桢、严济慈、赵忠尧、钱学森、钱三强、贝时璋、钟观光、伍献文、苏步青、茅盾、范文澜、吴晗等绝代大师。

浙江人凭借自强不息、开拓创新的精神创造了令国人惊叹的财富。浙江人特别能吃苦，他们的坚韧成就了浙江的繁荣与富裕。1978年后，浙江人靠着"白天当老板，晚上睡地板"的吃苦耐劳、自强不息的精神完成了"原始积累",并开始创办自己的企业。在创业的过程中,虽然历经千难万险并处于严酷的竞争环境中,但浙江人从来没有灰心过,凭借着自强不息的精神,他们创办了很多知名的企业,由此浙江也成为中国排名靠前的富裕之省。

(三)重利事功、经世致用的实践精神

经世致用的实践精神本是中国传统思想取向,但是在浙江表现得尤为鲜明突出。这种经世致用的实践精神在浙江地域文化中的表现就是注重实际、讲究实效,注重事实事功。[①] 在浙江思想史上,王充既重视理论思辨,又强调实际"效应",主张"崇实知""实事疾妄";叶适认为应"务实而不务虚";朱舜水力举"学问之道,贵在实行";黄宗羲提出"经世致用"的思想。重利事功、经世致用使历代浙江人致力经商,王阳明的士农工商"四民平等"及黄宗羲的"工商皆本"思想促进了浙江商贸的发展。永嘉学派代表人叶适曾说:"物之所在,道则在焉。"他指出,必须从具体事物中总结出规律和原则来。永康学派同样强调学术的目的在于经世致用,需要总结经验教训,探讨有关国计民生的实用之学,其代表人物陈亮就主张从实践的结果看待是非。

范蠡被称为浙商的鼻祖,三国、南朝时期,宁波、温州"商贾已北至青徐,南至交广",后"唐宋市舶,遥达海外"。隋唐五代时期,宁波、温州都是贸易港口,浙江商人从宁波、温州出发,横渡东海把生意发展到了日本和高丽。两宋时期,杭州、宁波、温州等地官方都设立市舶司。清末民初,湖州出现了以经营丝绸为主业的产业巨头,温州模式和宁波商帮充分展现了浙江人经商的精明。1840年之后,宁波商人接受了西方现代经营和管理理念,使宁波商帮具有了西方的经商手段和技术专长,也使宁波商帮闻名全国。求真求实、重利事功的精神是浙江人发展浙江经济的内在动力。1978年以来,浙江人吸收外来文化,广泛吸取各地的经验,博采众长,创办了很多富有特色的现代企业,推动了浙江经济的发展。不空谈、重利事功、踏实求真、注重实干、追求科学、遵循规律,是浙江人经世致用精神的最好诠释。

---

① 王彩萍.浙江地域文化精神刍议[J].浙江万里学院学报,2009,22(4):5-8.

二、河南地域文化特征

打开中国的地图，河南省位于整个版图的中心，自古就有"中原""中州"之称。河南是广义的中原主体，狭义的中原全部，因此中原文化亦指河南文化。河南文化是由河南数千年的地域生态环境与精神积淀形成的，河南省因大部分地区位于黄河以南而得名。河南山川秀美，山水具备，既有崇山峻岭，又有奔腾的大河，更有一望无际的平原。河南传统文化历史悠久，具有如下特征。

（一）中原传统文化是中华文明的发端地

河南因其特殊的地位，是历史上政治家必争之地。河南是中华历史文化的主要发祥地，中原传统文化在整个中华文明史中具有发端和母体地位。河南有盘古开天、女娲补天、三皇五帝、河图洛书等关于人类始祖的传说，发端于河南的夏、商、周三代被认为是中华文明的根源。无论从当今的中原文化还是中国文化来看，文化之根几乎都在中原，如中国姓氏文化，在《中华姓氏大典》中收录的汉族姓氏中，38%发端于中原；武术文化，在全国129个武术拳种中，河南流行的就有40余种；诗文文化，在我国第一部诗歌总集《诗经》中，属于今河南省境内的作品有100多篇，占总篇目的1/3以上；名流文化，据统计，在二十四史中立传的历史人物有5700余人，其中河南籍的历史名人为912人，占总数的15.8%，唐代留名的2000多名作家中，河南占两成。[1]

三皇五帝源于中原，在上古时代，中原地区土地肥沃，气候温和，宜于人类生存和发展，传说中的中华人文始祖伏羲、女娲、炎帝、黄帝、大禹等皆发于此，今河南淮阳区还存在太昊伏羲陵，而河南的其他地方如淮阳、巩义、孟津、上蔡等均有伏羲活动的传说和遗迹。根据《读史方舆纪要》，女娲定都于西华县西，这个地方后来被称为娲城。今天河南境内有许多关于黄帝的传说和遗迹，如新郑的黄帝祠、轩辕庙、黄帝拜将台、黄帝练兵处及黄

---

[1] 黄文熙，王凤玲，刘云霞.守望河南：中原传统文化的传承与创新[M].北京：中国言实出版社，2011：168.

帝元妃嫘祖、次妃嫫母祠等。中华文化根在河洛，探索中华文明无不从河洛文化开始。传说上古时，有龙马从黄河出，背负"河图"，伏羲据图画"八卦"；有神龟从洛水现，背负"洛书"，大禹依书制《洪范》。从此以后，夏有《连山》，殷有《归藏》，周有《周易》，皆一脉相承。而产生在洛阳的河图洛书，正是中华民族文明的源头。《周易·系辞上》载："河出图，洛出书，圣人则之。"故清孙灏《河南通志》云："河洛渊源尤为万世文字之祖。"据专家研究，河图洛书不仅是中国文字产生的标志，还是中国文化产生的标志。正因为如此，人们赞美黄河，称之为母亲河，更把洛河称为圣河。早在武则天称帝时，就为洛河举行了大型祭祀仪式，并把"圣河"的称号用国家法律的形式固定下来。

河南亦是万姓之源，传说在上古时期，太昊伏羲氏为了制止"知其母，不知其父；知其爱，不知其礼"的现象，同时为了避免群婚、抢婚、乱婚而引起的畸形现象，开始了"制嫁娶、正姓氏"的伟大改革，并首先自定"风性别"，为当时的母系社会定姓氏，后为父系家族定姓氏，天下百姓在其倡导下，以其周围常见的物品来定姓氏。例如，以居住的环境来定姓氏，如居住地旁边有杨树和柳树的定为杨氏、柳氏；以方位来定姓氏，如左氏、右氏；以天象来定姓氏，如雷氏、云氏。据统计，如今源于河南的古今姓氏达1500多个，在当今的100多个大姓氏中，有73个源于河南或者有一支源头在河南。

中原还是很多王朝的帝都之所在。据考古学家研究，从中国历史上第一个朝代——夏朝开始，许多王朝都在中原定都。夏朝先后有7个王朝在此定都，商朝前3个帝王在河南建都，春秋战国时期，分别有宋、卫、韩、魏、陈、蔡6国建都河南，从东汉到金有12个朝代建都河南，中国著名的八大古都有4个在河南。中原大地也是圣贤居住之地，在二十四史中，立有列传者5700余人，仅河南籍贯的占汉、唐、宋、明几个朝代的15.8%，约912人。中国很多经典之作源于中原，如《周易》《墨子》《老子》《庄子》《韩非子》，吕不韦的《吕氏春秋》，张仲景的《伤寒论》和《金匮要略》，贾谊的《过秦论》等。这些文化成为中华文化的根基，代代相传。

（二）中原传统文化内容博大精深

中原传统文化内容博大精深。中原是历史上政治家必争之地，北方少数民族不断入侵，造成了民族的大融合，丝绸之路的开拓也带来了中亚、南亚的文化，形成了文化的大融合。自秦朝至清朝，中原一直是政治、经济、文化的中心，形成了经济上繁荣昌盛、思想上百家争鸣、文化上百花争艳、科技上硕果累累的局面，享誉全世界。指南针、火药、造纸术、活字印刷术促进了全世界的发展，天文学、化学、数学、农学、医学独领风骚，哲学、文学、戏曲、史学、雕塑、音乐、绘画和杂技令人惊叹。

中原文化内涵广博。从多元性和广度来讲，中原文化既有稳定的价值观念，又有思想的多元性。中原文化是中国思想文化的源头，传统文化中的儒家思想、墨家思想、道家思想和法家思想都和中原文化有着密不可分的关系。《周易》这部带有神秘色彩的经典著作是华夏先祖对自然、社会和人自身的认识的记录。"道、儒、墨、法"的思想与著作的创始人或集大成者多为河南人。老子是河南鹿邑人，开创道家思想，其以"道"为最高范畴，将"道"视为天地万物的本源、本体及其运行的总规律。老子提出了道生万物、执一统众、顺应自然、无为而治、贵柔守雌等思想与主张。另一道家集大成者是庄子，著有《庄子》，主要提倡追求人的自由精神。儒家思想对中国传统思想的影响颇深，统治者也曾"罢黜百家独尊儒术"。儒家创始人孔子的祖籍在今河南夏邑，孔子的思想和言行被记录在《论语》中，其主要游学和讲学的地方在河南。孔子建立了以"仁"为核心的思想体系，在政治上主张礼治和德治。春秋战国时期重要的学派是墨家，《墨子》汇聚了墨家思想的精华。墨家的创始人为今河南鲁山人，墨家思想有十项基本主张：兼爱、非攻、尚贤、尚同、非乐、天志、节用、节葬、明鬼、非命。法家是先秦诸子中颇具影响力的一个学派，法家集大成者韩非是今河南新郑人，著有《韩非子》。他主张以"法"治国，反对仁义；强调明刑尚法、信赏必罚；主张发展经济、富国强兵。

在中原文化中，宋代的历史古迹很多，北宋建都开封，开封有包公祠、大相国寺、龙亭、清明上河园、铁塔、宋都御街、潘杨二湖等。今河南巩义市西南有北宋的皇陵群，被称为"七帝八陵"，还有 21 座皇后陵和许多宗室子孙的墓葬。洛阳有范仲淹墓以及程颢、程颐墓，还有著名人物清官包公、爱国名将杨家将、抗金名将岳飞等被历代传颂，其所传递的优秀思想成为中华优秀传统文化的一部分。宋代的学术理论文化可以说是中国学术理论文化史上的又一座里程碑。例如，被人称为新儒学的宋明理学，其代表人物程颢、程颐、邵雍都是河南人。今河南商丘市睢阳区的应天府书院（睢阳书院）和郑州登封的嵩阳书院是宋代四大书院之二。文学巨匠唐宋八大家中的三苏之墓在今河南省郏县。艺术方面，河南的开封官窑、汝州汝窑、禹州钧窑是宋代五大名窑之三，"清明上河园"是开封市的文化符号。中原传统文化积淀深厚、博大精深，与长期处于中华经济文化发展的中心有莫大的关系，也给后人留下了文化瑰宝。

（三）中原文化具有主流意识形态性和开放性

中原文化虽然是地域文化，但是由于河南特殊的地理位置、历史地位、人文精神，中原文化在中华传统文化中居于正统主流地位。北宋以前，中原传统文化一直处于主流地位，中华 5000 多年的文明史中，河南有 3000 多年一直处于中国的政治、经济、文化中心，有 20 多个朝代、200 多位帝王在此建都或迁都至此。中原文化既是地域文化又是国家文化，代表了中国传统文化的主流方向。中原文化源远流长和它的主流意识分不开。"不管历史车轮走入哪个时代，都能恰到好处地融入时代的内涵，并且将每个时代的各种思想观念和思潮重新整合，糅合提炼成为符合时代价值体系的主流意识，为时代进步和社会发展提供了坚强的精神支撑和强大动力。"[①] 中原传统文化流传至今得益于它多样的传播技巧、谋略，在漫长封建王朝统治时期的传播活动中，能够根据不同的传播对象和传播环境，采用不同的传播方式、方法，使信息得以有效传播。中原文化处于一个不断生成和内涵不断丰富的过程中，随着时代的发展而不断发展，以便更好地服务它所生存和发展的社会。

---

① 黄文熙，王凤玲，刘云霞. 守望河南：中原传统文化的传承与创新 [M]. 北京：中国言实出版社，2011：177.

中原文化具有开放性。中原文化强大的生命力在于，它不断地继承自己优秀的传统文化并不断地吸取外来文化，从不盲目拒绝外来文化，并把自己的优秀文化与外来文化融合在一起，使之更加辉煌。黄帝族的兼容性为华夏族的形成打下了基础，华夏族形成了多元一体化的格局，并于汉代之后形成汉族，汉族继承了兼容并蓄的优秀传统，成了中华民族的主体。例如，北魏的拓跋文化、金朝的女真文化入主中原之后，被吸纳融合为大中原文化。为了躲避战乱，中原人民的迁徙也给迁徙地带来了中原文化，促进了边远区域文化的发展，也扩大了中原文化的影响。反映在考古学文化上，如仰韶文化的分布纵横数千里，西达甘青，东到鲁西，北至内蒙古，南到江汉地区，都有仰韶文化的出现；海岱的大汶口文化、江汉地区的屈家岭文化也发展到中原地区，由此中原传统文化兼容了其他地区文化的精华，增加了自身的活力，最后发展为独树一帜的河南龙山文化、夏商周三代文化。进入秦汉以后，中原传统文化吸收外来文化的能力更强，能够不被外来文化所干扰。正如《孟子·滕文公上》中所说的："吾闻用夏变夷者，未闻变于夷者也。"中原传统文化在其成长发展过程中以其恢宏的气度、开阔的胸襟不断从周边地区文化中汲取营养，促进了自身发展。这是中原文化又一个突出特点。

三、郑氏、谢氏优秀家风家史及其传承

（一）郑氏优秀家风家史及其传承

1. 郑氏优秀家风家史

郑义门位于浙江省金华市浦江县郑宅镇东明村。自南宋至明代中叶，郑氏家族十五世同居共食，和睦相处，立下"子孙出仕，有以赃墨闻者，生则于谱图上削去其名，死则不许入祠堂"的家规，历宋、元、明三代，出仕173位官吏，无一贪赃枉法，无不勤政廉政。郑义门的孝义闻名天下，屡受朝廷旌表。明洪武十八年（1385年），太祖朱元璋赐封其为"江南第一家"，

时称义门郑氏，故又名"郑义门"。①

北宋时期，郑氏家族的第六十一世孙郑凝道为安徽歙县县令，他的次子郑自牗官至殿中侍御史，因直言进谏而被贬至遂安（今浙江淳安县）。郑自牗育有19个儿子，其第13个儿子郑安仁官至秘阁校理。郑安仁育有三子——郑渥、郑涚、郑淮，郑氏三兄弟兄友弟恭，崇尚儒家文化，三人共同定居于充满儒家文化气息的浙江省浦江县，成了浦江郑氏的开基之祖。在郑氏三兄弟中，郑淮尤其聪慧睿智，随后入赘到宣氏，但仍保留其姓氏。因白麒麟被传为郑氏的祖先，故郑淮将其定居的今浦江县郑宅镇旁的一条溪水改名为白麟溪。郑淮和宣氏育有三子，大儿子夭折，郑照是他们的小儿子。郑照从小耳濡目染郑氏祖上舍身救主、勤政爱民、直言进谏的故事，在哥哥另立门户后继承千亩良田，殷实的家业和良好的家风使郑氏成为浦江小有名气的家族。

（1）以孝治家。北宋末年奸臣当道，战乱不断，民不聊生，为了救助饥寒交迫的贫困百姓，郑照卖掉了千亩良田，换成粮食救济灾民。老百姓被郑照的义举感动，把郑照所居承恩里改名为"仁义里"，郑氏的"仁义"家风得以闻名乡里。因郑照毁家纾难，郑氏家族家道中落，但是郑氏家风没有中断传承。郑照有两个儿子，大儿子郑缊在20岁时去世，小儿子郑绮在父亲的严格要求和良好家风的影响下，品行忠孝仁义。后郑照被诬陷而身陷囹圄，郑绮以血书明冤情，并乞求替父亲受罚。郑绮的孝心感动了知州钱端礼，最后证明了郑照的清白。

郑绮母亲因病瘫痪，郑绮三十年如一日像照顾婴儿一样悉心照顾其母亲，事必躬亲，喂汤侍药。其中关于其"孝"流传最广的是"孝感泉"的故事。孝感泉位于今浙江省浦江县白麟溪旁，据传，某年的夏天天气异常炎热，郑绮母亲无意间透露想喝清冽的泉水，于是郑绮冒着酷暑在烈日下挖掘泉眼数尺，但是由于干旱始终没有出现泉水，郑绮悲伤和自责地痛哭了好久，三天三夜不止，后泉眼突然爆发出泉水，倾泻数里，郑绮的母亲终于喝

---

① 本刊编辑部.《郑氏规范》："江南第一家"的传世家训[J]. 社会治理，2015（3）：91-92.

上了泉水。世人认为郑绮的孝心感动了上天才出现了泉水，因此把郑绮挖的那口泉称"孝感泉"，郑绮的孝也随着"孝感泉"的故事而广为流传。或许"孝感泉"的故事带有一点神秘的色彩，但是它传递的是郑绮的至孝以及郑氏以孝治家的家风。

郑绮以孝为标准先后休掉了丁式、阮氏两位妻子，后娶了贤良淑德的傅氏为妻，傅氏坚定地支持郑绮推行家族的孝义之风。对于郑绮的休妻行为，我们今天并不提倡，但是郑绮以孝选妻，足见其对孝的重视。

元末明初文学家郑渊和其先祖郑绮一样，大孝至纯。郑渊母亲生病后，郑渊昼夜不停地亲自照顾母亲，并亲自送汤药。有一天，其母想吃西瓜，结果吃完西瓜之后便撒手人寰，为此，郑渊一看到西瓜就痛哭，而且立誓再也不吃西瓜。其父亲病逝以后，郑渊为父亲守孝三年。

郑渊除了对父母的孝义，对亲人、族人也关爱有加，他的弟弟去世以后，郑渊承担起养育弟弟三个女儿的责任，像对待自己的亲生女儿一样对待他的三个侄女。元朝末年，各地起义不断，在金华避难的郑渊不顾自身安危，来到东阳解救处于水深火热之中的族人。

郑氏后人郑铉和妻子非常恩爱，其妻子去世时，郑铉父亲生病卧床，为了不让生病的父亲受刺激，他强忍着悲痛，装作若无其事的样子侍奉父亲，后父亲病逝，郑铉在妻子和父亲去世的双重打击下仰天大哭，数次昏厥，三日水米未进，后胡须全白。妻子去世后，郑铉怕子女受继母的欺负而放弃了续弦的想法。

（2）以义立身。郑氏家族曾经九代同居同食，兄友弟恭。而郑氏家族之所以被人称颂绝不仅因为如此，他们以举办慈善活动为乐，仗义疏财，与邪恶势力作斗争，以救助他人为己任，关爱乡里，安定一方，从而声名远扬。郑绮的父亲郑照仗义疏财导致了郑氏家族的衰落，郑绮在家庭非常清贫的情况下"呼妻卖簪"、割让土地接济贫困的老乡。宋朝末年，时局动荡，民不聊生，盗匪横行，郑德璋和哥哥郑德珪智擒盗贼而保一方平安，并利用家族力量出财出力建立了乡里的武装，配合地方官吏维护地方的治安。战乱、贼乱和灾荒导致粮食极其短缺，在大灾面前，郑氏家族节衣缩食，开仓放粮，拯救了很多濒临死亡的老百姓，此种行为和其祖上郑照的行为如出一辙。元朝时期，六世孙郑文嗣与郑文泰仗义施粥于流民。乐善好施成为郑氏家族的一个传统。郑氏家族在元明时期设置了嘉礼庄，以上千亩田产、山产作为家族的公共财产，将每年的田产收入作为家族发展基金。嘉礼庄从解决婚嫁之费用扩展到救济贫困族人，成为郑氏家族内部的慈善机构，使其族人都能老有所养、病有所医，贫困之人也能生存下去。之后，郑氏家族内部的慈善活动扩展到乡邻之间，设立了公墓、药市来帮扶贫困之人，并将其写入了家规。《郑氏规范》第九十二条规定："立义冢一所。乡邻死亡委无子孙者，与给榇棺埋之；其鳏寡孤独果无自存者，时赒给之。"第九十八条规定："展药市一区，收贮药材。邻族疾病……施药与之。更须诊察寒热虚实，不可慢易，此外不可妄与，恐致误人。"

生于元朝的郑氏家族主政人郑铉悲天悯人、心怀天下苍生，严谨自律，不贪财不好色，并且交友甚广，以一介布衣交往有大儒、有官吏。郑铉为人直率、真诚，以真诚与朋友交往，而不是为了攀附权贵而结交好友，更是在朋友危难之时伸出了援助之手。例如，郑铉和元朝丞相副手的参政忽都鲁沙结下了深厚的友谊，后忽都鲁沙的儿子因事被免，全家生活艰难，郑铉就把忽都鲁沙的儿子接到浦江生活，并坚持照顾其衣食30年，关怀备至。郑铉对困难的邻居也给予悉心照顾，照顾眼盲跛脚老人安度晚年；更有郑铉不顾个人安危智退阿鲁灰叛军而保一方平安的故事。郑氏家族因其孝义之行而受到人们的尊敬。元朝末年虽有大军屡次进犯浦江，但都不冒犯郑家，郑家也因此得以安然度日。郑氏家族的孝义之风连敌人都感动了，可见郑氏家族孝义之风的名声之大。酒香方能芳香四溢，郑氏的孝义之风可见一斑。

郑湜当年因和哥哥郑濂争着入狱，最后因祸得福，被朱元璋任命为福建布政司左参议。郑湜不仅有孝义而且才华横溢，上任之后进行了一系列的改革，颁布了一系列的新政，惩治贪官，兴修水利，引进农作物新品种，以更加宽松的经济政策富民，一时间福建的政治万象更新。郑湜对贪官严厉，对百姓宽厚仁慈，他政绩累累，被当地人民称赞为"郑青天"。

郑洧的妻子张氏是个重情重义的女子。郑氏家族为了逃难而外出，张氏一边逃难一边照顾患病的弟媳周氏。后两人和家族人走散，在浙江诸暨的一个小山村中落脚，半夜时分，住宿的地方着火，张氏因拖不动弟媳而不能将其从火中救出，决定不独自逃生而和弟媳相拥同死，传说上天感动于张氏的不离不弃而降下倾盆大雨，最终两人免于被烧死。

郑氏家族八世孙郑洪的妻子在丈夫冤死狱中，而自己却被判定另嫁他人后，以死拒绝再嫁，因此被当朝皇上称为"义门之妇"。《郑氏规范》第七十六条规定："娶妇三日，妇则见于祠堂，男则拜于中堂，行受家规之礼……以为出入观省，会茶而退。"第一百四十八条规定："诸妇初来，何可便责以吾家之礼？限半年，皆要通晓家规大意。或有不教者，罚其夫。初来之妇，一月之外，许用便服。"

（3）忠君爱国。《郑氏规范》第八十七条规定："子孙倘有出仕者，当蚤夜切切以报国为务，抚恤下民，实如慈母之保赤子……又不可一毫妄取于民……违者天时临之。"郑铢是郑氏家族七世孙，坚守家规，拒不收官员的礼物。郑浔秉承郑氏家风，为官勤政爱民，政绩清明，受到金华百姓的一致好评，后为了保护税务的印鉴而被残害，却智勇不改节。郑渊拥有一颗博爱的心，救济其朋友王宗显，并帮助其取得了成功。王宗显在成功之后以怨报德，但是郑渊没有一句怨言；后又帮助一个因生病回家途经自己家门口的学子。郑尚藩是明朝末年的官员，明朝灭亡之后归隐于市，从此不再进入官场，以保持对国家的忠心。

郑氏家族九世孙郑干，字叔恭，明朝永乐年间被任命为湖广道监察御史，为官期间时时处处为老百姓着想，为老百姓办了许多实事，惩治贪官，颁布惠民政策，清正廉洁，刚正不阿，深受百姓爱戴，百姓赠予其万民伞以示对他的赞美和爱戴。

2. 郑氏优秀家风的传承

（1）耕读传家，世代同居。一边进行农业劳动一边读书修身是郑绮家族安身立命的方式，也为其家族兴盛奠定了基础。郑绮在世的时候，郑氏家族还没有兴盛，郑绮去世之前希望子孙秉承其治家之道，耕读传家，壮大其门楣，效仿"岳母刺字"，歃血为盟，留遗言，要求其子孙"以孝治家，耕读传家，父慈子孝，兄友弟恭，相互扶持，共用家财，永不分家"[①]。

"郑氏家族从先祖郑绮生活的时代开始了同居生活，到了明代前期九世同居时，达到了家族发展的鼎盛，更创造了中国家族发展史上的奇迹，同居人数达千人，获得了宋、元、明三朝旌表。"[②]郑氏子孙谨遵郑绮的遗言，世世同居，共居共食，通过郑氏家族二至四代的努力为郑氏家族的兴盛打下了良好的基础，到郑氏同居第五世祖郑德璋时期，郑氏家族已经跻身于浙江名门，郑氏家族也日趋庞大，但是这样一个庞大的家族却没有完备的管理制度。五世祖郑德璋也认识到了这些，虽然当时也有一些家族规则，但是都没有正式形成文字。

郑氏家族同居六世祖郑文融也是大孝子，郑文融在其父郑德璋去世之后悲痛欲绝，三年不食用酒肉，成为子孙的榜样。郑文融住家时，郑氏家风孝义浓厚，传说这种孝义连马都被感染了，以至于一匹马在另一匹马去世后，毅然悲伤绝食。处在南宋时期的郑文融为了光大门楣，做了一个小小的官吏，后来为了管理好家族而毅然离开官场。郑文融借鉴朱熹的"家礼"，制定出五十八条家规共六个方面："第一，不信奉老子和佛教的说教；第二，冠礼、婚礼、丧礼、祭祀一定要按照周朝礼仪制度；第三，子孙要听从长辈和家规的教导，恭谨地践行孝道；第四，将家族中田地等财产的管理分配到人，并明确职责；第五，家族中的妇女应该做好纺织等女性劳动，不能干预家事；第六，要求族人分清人际关系的远近，强调家族内外有别。"[③]郑文融的治家五十八条，成为《郑氏规范》的雏形。

到郑文融的儿子郑钦一代，郑氏家族已经越来越壮大。郑钦更看重族人考取功名、做官入仕，设置丰厚的物质奖励鼓励族人，并在家族规范中增添为官的原则——做官要廉洁奉公、勤政爱民，同时采取强硬的约束手段，约束族人以防其贪赃枉法。郑涛、郑泳和郑濂等人最终在儒学大家宋濂的帮助下，将郑氏族规定为《郑氏规范》。《郑氏规范》共一百六十八条，涉及政

---

① 贾洪哲. 崇孝尚义冠江南：郑绮与郑氏家风[M]. 郑州：大象出版社，2016：38.
② 贾洪哲. 崇孝尚义冠江南：郑绮与郑氏家风[M]. 郑州：大象出版社，2016：41.
③ 贾洪哲. 崇孝尚义冠江南：郑绮与郑氏家风[M]. 郑州：大象出版社，2016：54.

治、经济、文化等方面，可谓一部体系完整的家族法律。《郑氏规范》还涉及孝义、祠堂、祭祀、理财、教育、入仕、妇女言行、交友、相邻关系等，非常全面和完备。《郑氏规范》以修身、齐家、治国、平天下为宗旨，可以说其奠定了郑氏家族兴旺的根基，也给后人留下了宝贵的精神财富。

到了元朝时期，社会动荡不安，而义门家族同居的现象有助于王朝的稳定，郑氏家族以"孝"治家，家族同居同食，受到元朝统治者的重视，并多次受到统治者的旌表。旌表是指统治者为了推行其伦理规范和道德准则，而选出一些优秀的榜样进行表彰，一般以匾额的形式呈现，这种荣誉很难获得，类似今天的"感动中国"人物评选。1311年，郑氏家族首次受到旌表，郑氏家族因此被称为"郑义门"；1335年，郑氏家族被免除赋税杂役；1338年，郑氏家族再次被旌表"孝义门"；1350年，元朝官员余阙为郑氏题名"东浙第一家"；1352年，元朝翰林学士为郑氏家族题碑"一门尚义，九世同居"；1353年，元朝皇太子赐郑深"麟凤"巨匾。郑氏家族因其孝义、和睦、团结的家风而被元、明两个王朝统治者免除徭役，因此人丁兴旺，平安躲过战争的纷扰，家族日趋庞大。1385年，郑氏八世孙郑濂晋见朱元璋，朱元璋称其为"孝义名冠天下，可谓江南第一家"，从此郑氏家族被称为"江南第一家"。1390年，郑濂再次晋见朱元璋，朱元璋亲书"孝义家"。

宋、元、明三朝的恩宠旌表，使郑氏家族名震江南，奠定了其"江南第一家"的崇高地位，其家族事迹被载入《宋史》《元史》《明史》，郑义门名扬天下，郑氏家规严格约束族人更要谨言慎行，积德行善，良好的家风使郑氏家族名垂历史。

明朝时期，朱元璋着力将郑氏家族树立为全国践行儒家伦理道德的榜样，因郑氏家族"孝义"的名声而被推荐做官并委以要职的族人多达47人，其中，郑济为太子伴读，郑沂为礼部尚书，九世孙郑干为湘广道监察御史。同居到九世的郑氏家族发展到鼎盛时期，在此期间郑氏家族因其孝义、和睦的家风而被统治者多次赦免。

（2）创建学堂，以孝义和仁义促传承。郑氏家族的郑德璋是促成郑氏家族"九世同居"兴盛的关键人物。郑氏家族的发展在郑德璋时期已经初具规模，当时郑氏家产颇为殷实。但家族越大矛盾越多，对于如何解决这些矛盾，如何传承郑氏家风，郑德璋有自己的看法经过慎重思考，郑德璋决定创建学堂，对家族子弟进行伦理道德教育并传承家风。郑德璋刚开始建立的学舍非常小，类似家族私塾，取名"东明学舍"。后来郑德璋的儿子郑文融扩建学堂，达到了学院规模，并招收家族外的子弟。郑文融自编教材，将家族"孝义"作为书院的教育重点，并把《郑氏规范》作为学院学习的教材，这样有利于郑氏家风的传承和发扬。由郑氏家族创立的"东明书院"对郑氏家族的家风传承和郑氏家族的兴旺发达起着非常重要的作用，具体如下：第一，宣传儒家孝悌伦理，传承郑氏家风家训，维护家族内部团结，调节家族内部矛盾；第二，培养郑氏家族子弟步入仕途，壮大家族力量；第三，通过书院建立广泛的人脉关系，为家族兴盛创造良好的外部环境。另外，宋濂在东明书院求学，后成为东明书院的主持，其名声使东明书院声名鹊起，吸引并培养了大量的人才，也为郑氏家族培养了大量的人才，并且他参与了《郑氏规范》的制定和教授，因此宋濂和郑氏家族的兴盛也有着莫大的关系。

郑氏家族因其"孝义"及对待朋友的"仁义"吸引了一些文人大儒、达官贵族，这些人对促进郑氏家族的兴盛起着非常重要的作用，例如方凤。方凤除了通过诗文宣传郑氏家族，还为郑氏家族介绍了很多大儒，如吴莱、方孝孺。吴莱的父亲吴方直后来成为元朝著名的丞相脱脱的老师，并极力推举郑氏家族，由此，郑氏家族进入当朝统治的视线，成为全国伦理道德治家的典范并被多次旌表。郑氏家族的至交好友方孝孺和郑氏家族渊源颇深，郑氏家族成就了方孝孺，方孝孺也使东明书院和郑氏家族声名远播。郑氏家族的好友数量多、类型广，有名儒、文学家、官员和医学家，如当时被称为元代"儒林四杰"的柳贯、黄溍、虞集、揭傒斯，明代最高学府国子监掌管学规、训导的张孟兼，以及元代著名医学家朱丹溪。这些好友对宣传郑氏家族的孝义之风以及提升郑氏家族的名声与社会地位具有重要的作用。

（二）谢氏优秀家风家史及其传承

1. 谢氏优秀家风家史

陈郡谢氏居住于陈郡阳夏（今河南太康），是中国古代著名的门阀之一。陈郡谢氏起于魏晋时期，在淝水之战中，以谢安为首的谢氏家族立下至伟功劳，由此成为权轴家族。

谢氏的祖先起于西周时期，申伯被周宣王封于谢邑，失掉爵位以后，以"谢"为姓，成为谢氏的始祖。谢氏家风显露于其祖先谢衡，肇始于其子谢鲲，后由于儒学渐衰，玄学渐盛，为了家族的利益，谢鲲由"儒"入"玄"，开启狂放不羁的任达家风。这一时期，谢衡、谢鲲父子二人共同奠定了谢氏"内儒外玄""狂狷放达"的家风形态。之后，谢氏家族越来越壮大，并有一些谢氏的子孙在朝中做官，如谢尚、谢奕、谢万三人都在东晋朝中任职，趋于稳定的局势使谢氏三兄弟在承袭父辈粗犷的气质的基础上，又开启了"雅士"篇。由此，谢氏家族在不拘小节、潇洒狂放中增添了清虚淡泊、与道逍遥的气质。

谢安是谢氏家族家风定型的重要人物。谢安在40岁之前过着隐居的生活，以教习和研经、读诗书为主，后为生计所迫，入朝为官，使谢氏家族登上了权力的高峰，并以自己"隐忍不发，韬光养晦"的个性为谢氏家风注入新的内容，后为了自保"素退为业，处贵遗权"，自守家风。东晋至南朝时期，在动荡的时局下，谢氏家族开始寄情山水，"诗书继世"，着重自己的内在修为，这使谢氏家族在战乱中也繁华兴盛。谢晦在《悲人道》一文中这样形容自己的家族："懿华宗之冠冑，固清流而远源，树文德于庭户，立操学于衡门。"

晋武帝时期以儒治国，当时产生了很多儒学大师，谢衡在这一时期脱颖而出，被人称为硕儒。谢衡精通儒学，以儒学为官，名声日渐显赫，官职从守博士升至国子博士，后从国子祭酒又升至太子少傅（辅导太子的官职）和散骑常侍（规谏皇帝以备顾问的官职）。谢衡亦以儒学治家，遵循着儒家的治家理念，以儒士的思想来规范子孙的行为，以"五常"为道德准则，追求

"齐家、治国、平天下"的政治理想。谢衡把儒学元素注入谢氏家风的血液，使谢氏家族在接下来的数十代中一直保持着巨大的凝聚力。

西晋时期，社会动荡不安，皇族内部争权夺势，造成父子、兄弟、叔侄间的相互杀戮，提倡父慈子孝和兄友弟恭的儒学正统也开始没落，而关注自然人格、狂放不羁、不拘小节，以清谈和放达的行为为特征的玄学日渐盛行。西晋之后，玄学取代儒学成为占统治地位的意识形态，在此背景下，入玄学成为一些人追随名士、走向庙堂的捷径，谢氏家族也在此时弃儒入玄。

谢氏家风的另一奠基人是谢鲲，谢鲲是谢衡之子，字幼舆，在《晋书》中，他与竹林七列于同一传。谢鲲开启了谢氏家风与玄学密切结合的时代，他以自身放浪而深藏稳健的个性为谢氏家风注入了新的内容。谢鲲开启了谢氏家族"外显"的谈玄家风，而谢衡却将"内隐"的儒士风范注入了谢氏子弟的血脉，形成了"内儒外玄""亦儒亦玄"的家风之根基。谢氏的第三代子孙——谢尚、谢奕、谢万三兄弟使谢氏靠近权力中心。而此时谢氏家风除了延续谢鲲的狂妄不羁，还摒弃了父辈中粗鄙放达的气质，为家风注入了雅士的文艺风度。

谢尚字仁祖，谢鲲之子、谢衡之孙，兼具祖父和父亲的两种气质，并兼具儒、玄两种风采。谢奕，字无奕，谢裒之子，谢鲲之侄。谢万，字万石，谢裒之子，与谢奕是同胞兄弟。"在谢氏三兄弟这一时期，谢氏家风已经有了明显的雅士文化倾向，他们在承袭父辈玄风的基础上，摒弃不合时宜的纵情背礼，并对才艺和文学的精进有了较高的要求，也更加追求精神上的自由和超脱。而对事功，三兄弟虽然表现各有不同，但他们对待建功立业的态度是一致的，即在纷扰的士族斗争中迅速站稳脚跟，让谢氏一族跻身朝堂之上。"[1]

谢尚、谢奕和谢万三兄弟先后担任豫州刺史之时，另一个对谢氏家族影响巨大的人物谢安在高卧会稽东山。谢安，字安石，谢裒之子，谢万的兄长。谢氏家风"儒"和"玄"的结合在谢安的身上充分体现。谢安在40岁

---

[1] 丛艳姿.芝兰玉树生庭阶：谢安与谢氏家风[M].郑州：大象出版社，2016：37.

之前过着高卧东山、志趣高远、超脱物外、"出则渔弋山水，入则言咏属文"的隐逸生活。40岁后，他策马淝水，匡扶晋室，名标青史，把玄学中的"任达""清虚淡泊""与道逍遥"和儒学中的"建立事功"完美地体现出来。隐逸期间他担负起教育子侄的重任，巩固了"雅道相传"的文士家风。

谢安在谢万被罢官之后，为了家族的存亡而放弃隐逸的生活出仕入官，在面对强大的竞争对手桓温（当时权倾朝野，连皇帝都受其控制）时韬光养晦，隐忍不发，使谢氏家族躲过了对手的利剑而生存下来并得以发展，而谢安也由小小的司马升至宰相，谢氏家族再次回到了权力的中心。谢安这种内守的个性为谢氏家风又增加了沉稳这一项，弥补了崇尚玄学的谢氏子弟性格的不足。谢安把自己从家风中所濡染的儒玄气质用于治国安邦。一时间，东晋朝权尽归谢氏。一方面，谢安推行"群臣修睦，广行德政"的治国之道，修缮群臣关系，任人唯贤，推行"举察贤能，不避亲仇"的用人之道，秉持"文武用命，不存小察，弘以大纲"的任用标准，做到了知人善用。另一方面，谢安推行黄老思想，减少赋税和苛政，对外积极防御部署，命谢玄组建北府兵，使东晋形成了"上下同心，一致对外"的兴盛局面。谢安将亦儒亦玄的家风发挥到理想的高度，成就了内圣外王的功业，而谢氏家风也在此得到了进一步的加强。谢安的治国之道得益于祖辈谢衡"齐家、治国、平天下"和"达则济天下"的儒家事功理念的熏陶，这使谢安具有了更远大的政治抱负。谢安以他亦儒亦玄的气质维护了东晋的安定和平稳，为东晋带来了短暂的中兴，而熏染在谢安身上的儒雅之气也因谢安的成功事业和威望而被后辈传习。

淝水之战的胜利为谢氏家族赢得了巨大的声望，增强了族人对家族的认同感和凝聚力，这对谢氏家族家风的传承非常重要。谢安在淝水之战中表现出的"破贼付儿辈，风鹤走敌阵"的从容气度，以及谢玄和谢琰表现出来的英勇无畏、不畏生死的精神深深影响着谢氏子弟的性格。淝水之战后三年，谢安、谢玄被晋王室猜忌，中枢相权和北府兵权均被剥夺，为避灾祸，叔侄二人均依存老子的"功成名遂身退，天之道也"而纷纷解职告归，形成了"素退为业，处贵遗权"的家风。后谢氏家族被卷进党争之中，共有8个子弟丧命，谢氏家族的辉煌不再。在南朝时期，谢氏家族中仍有一批子弟活跃在朝堂之上，也有一些高官，但是他们不再位居权力中枢，而到了隋朝时期，典籍中便不再有陈郡谢氏子弟的身影了。

2.谢氏家风的主要特点

谢氏家风的主要特点为"内儒外玄"，体现在不废事功，以儒学为本。以儒学为本的家风体现在以下几个方面。

第一，通情明理。谢氏家风的传承中，有大成者的言传身教对其子孙的影响非常重要，如谢衡因其严谨而博闻的言行对其子孙产生了深远的影响。通情明礼是谢氏家风的首要方面，就是要做到"己欲立而立人，己欲达而达人"与"推己及人"。谢氏子孙个个才华横溢，出将入相，因此"明礼"就成为儒者事关大体的学问。谢衡的孙子谢尚任镇西将军时关于情礼之说有一段论述："时有遭乱与父母乖离，议者或以进仕理王事，婚姻继百世，于理非嫌。尚议曰：'典礼之兴，皆因循情理，开通弘胜。如运有屯夷，要当断之以大义。'"[①] 在谢尚看来，当情和礼相冲突时，礼应该服从于情，在战乱年代与父母分离，在父母不知情的情况下可以结婚、可以做官，正是因为人是有情感的，所以在一些事关大义的原则性问题上是不完全否定礼的。对谢氏子孙来说，良好的儒学传统积淀加上独立的人格和独特的见解才能够言礼而明义。据记载，《孝经》这部以孝为中心的儒家伦理学著作是孔子"七十子之徒之遗言"，谢安能把这部书详切精熟，可见其儒学修养的深厚。其他记载有："谢庄字希逸，陈郡阳夏人，太常弘微子也。年七岁，能属文，通《论语》。"[②] "（谢）几卿详悉故实，仆射徐勉每有疑滞，多询访之。"[③] 这些记载无不说明了谢氏子孙对儒学的贯通运用。第二，家传至孝。"礼"和"孝"是自孔子以来儒家关注的重点问题。谢氏初祖以明礼著世，其末代子孙却以孝风收尾。《梁书·谢蔺传》和《陈书·谢贞传》中有关于谢蔺和谢贞父子

---

① 天津古籍出版社编辑部.二十四史：附《清史稿》第二卷[M].天津：天津古籍出版社，2000：338.

② 沈约.宋书·谢庄传[M].北京：中华书局，1974：2167.

③ 姚思廉.梁书·文学·谢几卿传[M].北京：中华书局，1973：708.

孝风的记载。"谢蔺,字希如,陈郡阳夏人也。晋太傅安八世孙……蔺五岁,每父母未饭,乳媪欲令蔺先饭,蔺曰:'既不觉饥。'强食终不进……及丁父忧,昼夜号恸,毁瘠骨立,母阮氏常自守视譬抑之……太清元年……使于魏……境上交兵,蔺母虑不得还,感气卒。及蔺还入境,尔夕梦不祥,旦便投劾驰归。既至,号恸呕血,气绝久之,水浆不入口。亲友虑其不全,相对悲恸,强劝以饮粥。蔺初勉强受之,终不能进,经月余日,因夜临而卒,时年三十八。"① "贞,字元正,陈郡阳夏人,晋太傅安九世孙也……贞幼聪敏,有至性。祖母阮氏先苦风眩,每发便一二日不能饮食,贞时年七岁,祖母不食,贞亦不食,往往如是,亲族莫不奇之……十四,丁父艰,号顿于地,绝而复苏者数矣……至德三年,以母忧去职。顷之,敕起还府……贞哀毁羸瘠,终不能之官舍……(北周赵)王尝闻左右说贞每独处必昼夜涕泣,因私使访问,知贞母年老,远在江南……因辞见,面奏曰:'谢贞至孝而母老,臣愿放还。'帝奇王仁爱而遣之,因随聘使杜子晖还国。"② "(谢安)性好音乐,自弟(谢)万丧,十年不听音乐。"③ "(谢瞻)弟晦,字宣镜,幼有殊行。年数岁,所生母郭氏,久婴痼疾,晨昏温清,尝药捧膳,不阙一时,勤容戚颜,未尝暂改。恐仆役营疾懈倦,躬自执劳。母为病畏惊,微践过甚,一家尊卑,感晦至性,咸纳屦而行,屏气而语,如此者十余年。"④ 关于子孙的孝义有很多记载,这得益于谢氏家族一代代积淀下来的儒家人本思想。第三,不废事功。谢氏家族从谢鲲开始开启了狂放不羁的任达家风,但是"修齐治家"的血液流淌在谢氏家族的血液里,儒家经世致用的精神深入谢氏家风,谢氏家族子弟多有入官致仕建功立业者。使谢氏家族走向权力巅峰的奠基人是谢尚,谢尚初为建武将军、历阳太守,转督江夏义阳随三郡军事、江夏相。东晋时期,谢氏家族位于权力的中枢,除了拥有杰出政治才能的谢安,还有其他谢氏子孙位于朝堂掌管军事,如谢石曾率领谢琰、谢玄等人参与了

---

① 姚思廉. 梁书·谢蔺传 [M]. 北京:中华书局,1973:658.
② 姚思廉. 陈书·谢贞传 [M]. 北京:中华书局,1972:426.
③ 房玄龄. 晋书·谢安传 [M]. 北京:中华书局,1974:2075.
④ 沈约. 宋书·谢瞻传 [M]. 北京:中华书局,1974:1558-1559.

著名的以少胜多的淝水之战。谢氏家族还有一些文学巨匠，如"元嘉之雄"谢灵运以卓越的文学才华和清新明媚的山水诗篇而名垂青史。谢氏家族的家风中，儒家的事功精神促使谢氏子孙努力地追求事功，且有成就者颇多。谢安去世后，谢氏家族开始从巅峰向下走滑坡路，但是在经世致用、不废事功的家风熏陶下，谢氏家族的子孙依旧在为家族的长盛不衰而努力。

谢氏家风以"玄"体为用，表现在以下方面。

第一，风神秀彻。风神秀彻用来形容人言行风貌中所透露出的个人气质，是一种综合个人修养的表现。谢氏子弟从谢尚开始就在史书中留下了仪容俊美、风神秀彻的美名。当时的大司马桓温称谢尚为："诸君莫轻道，仁祖企脚北窗下弹琵琶，故自有天际真人想。"[①] 关于谢氏子孙风神秀彻的记录有很多。例如："（谢尚）及长，开率颖秀，辨悟绝伦，脱略细行，不为流俗之事。好衣刺文袴……司徒王导深器之，比之王戎，常呼为'小安丰'，辟为掾。"[②] "（谢）安年四岁时，谯郡桓彝见而叹曰：'此儿风神秀彻，后当不减王东海。'及总角，神识沈敏，风宇条畅。"[③] "（谢）琰字瑗度。弱冠以贞干称，美风姿。"[④] "（谢）混字叔源。少有美誉，善属文。初，孝武帝为晋陵公主求婿，谓王珣曰：'主婿但如刘真长、王子敬便足。如王处仲、桓元子诚可，才小富贵，便豫人家事。'珣对曰：'谢混虽不及真长，不减子敬。'"[⑤] "（谢）韶，字穆度，少有名。时谢氏忧彦秀者，称封、胡、羯、末。封谓韶，胡谓主朗，羯谓玄，末谓川，皆其小字也。"[⑥] 对于"风神秀彻"四个字，除了具有清俊的仪容，还必须有聪颖的智慧和宽博的修养。关于这一点，典籍中有不少记载。例如："（谢）朗善言玄理，文义艳发，名亚于玄。""（谢）奕字无奕，少有名誉。""（谢）玄字幼度。少颖悟，与从兄朗俱为叔父安所器重。""（谢）灵运幼便颖悟，（谢）玄甚异之，谓亲知曰：'我乃生瑍，瑍那

---

① 徐震堮.世说新语校笺 [M].北京：中华书局，1984：341.
② 房玄龄.晋书·谢尚传 [M].北京：中华书局，1974：2069.
③ 房玄龄.晋书·谢安传 [M].北京：中华书局，1974：2072.
④ 房玄龄.晋书·谢琰传 [M].北京：中华书局，1974：2077.
⑤ 房玄龄.晋书·谢混传 [M].北京：中华书局，1974：2079.
⑥ 房玄龄.晋书·谢韶传 [M].北京：中华书局，1974：2086.

得生灵运！'灵运少好学，博览群书，文章之美，江左莫逮。""（谢举）幼好学，能清言，与览齐名……二子禧，嘏，并少知名。"

第二，风流任达。作为名士，除具有风神秀彻的仪容，还要能够做出高蹈出尘、风流任诞的事情。谢鲲是谢氏家风中玄体为用的家风的开创者，他心仪老庄，行为任达，潇洒风神而自信。关于谢鲲的任诞有记载："邻家高氏女有美色，鲲尝挑之，女投梭，折其两齿。时人为之语曰：'任达不已，幼舆折齿。'鲲闻之，傲然长啸曰：'犹不废我啸歌。'"谢鲲不但在终身大事上如此风流潇洒，在为民除害时也是神情自若，手到擒来。"（鲲）尝行经空亭中夜宿，此亭旧每杀人。将晓，有黄衣人呼鲲字令开户，鲲憺然无惧色，便于窗中度手牵之，胛断，视之，鹿也，寻血获焉。尔后此亭无复妖怪。"① 镇西将军谢尚有着"清易令达"的美名。他善跳"鸲鹆舞"，更以任诞而出名。"王（蒙）、刘（惔）共在杭南，酣宴于桓（伊）子野家。谢镇西往尚书（谢裒）墓还，葬后三日反哭。诸人欲要之，初遣一信，犹未许，然已停车；重要，便回驾。诸人门外迎之，把臂便下。裁得脱帻著帽，酣宴半坐，乃觉未脱衰。"② 在叔父的丧期就忍不住和友人酣宴痛饮，可见谢尚的任诞。谢安把谢氏家族推到巅峰，其本人也以风流宰相而著称。谢安前40年纵情于山水，过着隐居生活，后又高居庙堂建功立业。谢安既有文臣的潇洒，又有武将的镇定自若。"（谢安）尝与孙绰等泛海，风起浪涌，诸人并惧，安吟啸自若。舟人以安为悦，犹去不止。风转急，安徐曰：'如此将何归邪？'舟人承言即回。众咸服其雅量。"③ 谢安以他的风神度量赢得了世人的一致推崇。

第三，亦官亦隐。"亦官亦隐"的生存模式是谢氏的重要家风，是谢氏家族的子孙在郁郁不得志时以退为进，积蓄力量而谋求新发展的一种生存方式。这种家风从谢鲲开始，谢安则是谢氏家风中亦官亦隐的典型践行者。谢安在隐居期间名声在外，朝廷多次邀请他去做官，但是都被他拒绝，他把对谢氏子侄的教育当作一项重要的任务，并默默地帮助谢万，直至谢万被贬为

---

① 房玄龄.晋书·谢鲲传[M].北京：中华书局，1974：1377.
② 徐震堮.世说新语校笺[M].北京：中华书局，1984：401.
③ 房玄龄.晋书·谢安传[M].北京：中华书局，1974：2072.

庶人，谢安出于对谢氏家族兴盛的考虑而出仕。谢安曾官至丞相，并且在谢安时期，谢氏家族位于东晋权力的中枢，淝水之战后晋孝武帝在位时排挤谢安父子，谢氏子弟皆功高位重，备受猜忌。为了避免被猜忌，谢氏子弟纷纷解甲归田，走上归隐山林之路。"石亦上疏逊位。有司奏，石辄去职，免官。诏曰：'石以疾求退，岂准之常制！其喻令还。'岁余不起。表十余上，帝不许。"[1] "玄既还，遇疾，上疏解职，诏书不许。玄又自陈，既不堪摄职，虑有旷废，诏又使移镇东阳城。玄即路，于道疾笃……又上疏曰：'臣同生七人，凋落相继，惟臣一己，孑然独存。在生荼酷，无如臣比。所以含哀忍痛，希延视息者，欲报之德，实怀罔极，庶蒙一瘳，申其此志。且臣孤遗满目，顾之恻然，为欲极其求生之心，未能自分于灰土……表寝不报。前后表疏十余上。"[2] 谢瞻曾对权势显赫的弟弟谢晦说："汝名位未多，而人归趣乃尔。吾家以素退为业，不愿干预时事，交游不过亲朋，而汝遂势倾朝野，此岂门户之福邪？"并上书对宋高祖刘裕说："臣本素士，父、祖位不过二千石。弟年始三十，志用凡近，荣冠台府，位任显密，福过灾生，其应无远。特乞降黜，以保衰门。"[3] "吾家以素退为业"是对谢氏亦官亦隐的家风的中心概括。

综上所述，谢氏家族之所以在南朝之后一百多年的政权迭变中屹立不倒，主要得益于谢氏家族亦儒亦玄的家风及其亦官亦隐的生存方式。当家族利益受到挑战时，为了家族的兴旺，家族中优秀的子侄就走进朝堂；而当家族兴旺到一定程度时，为了退而求进，其家族成员就会退隐山林，抒写激情，等待机遇。

3. 谢氏家风的传承方式

谢氏家风在长期的传承过程中形成了由家族长辈带领晚辈讲论文义的家庭聚会模式，这种教育方式使谢氏家风在这一时期得到延续和发展。谢安在40岁以后，教育谢氏子弟主要通过身教，同时特别注重言教，遵循循循

---

[1] 房玄龄. 晋书·谢石传 [M]. 北京：中华书局，1974：2085.
[2] 房玄龄. 晋书·谢玄传 [M]. 北京：中华书局，1974：2083.
[3] 沈约. 宋书·谢瞻传 [M]. 北京：中华书局，1974：157.

善诱的原则，并利用各种巧妙的教育方法，时常创造机会让子侄与高官和名士交流，以增长他们的见识和才干。谢安在教育子侄时，不用激烈的言语批评，遇到难题时，甚至假托自己之过，以达到教育的目的。谢安还很善于通过品评别人的言行来教育自家子侄。在谢安的教育下，谢氏家族人才辈出，谢氏家风也得到了很好的传承。谢氏子弟中有成为东晋赫赫有名的将军的谢玄，还有嫁与王羲之之子的东晋有名的才女谢道韫（谢奕之女，谢玄的姐姐）、清谈高手谢朗（字长度，谢据之子，谢安之侄）。"谢氏家族至谢尚一辈已经形成了比较成熟的雅士家风，家族中的子弟工于书，擅谈玄，长于乐器，钟情诗文，文雅之士辈出。自谢安起，又形成了'讲论文义''品读诗书'的以文会亲友的聚会模式。这种聚会，一方面，子弟们在一处学习可以共同切磋，相互砥砺；另一方面，常居一处也使得家门雍睦，家族中处处彰显着一种凝聚力和向心力。"①

自谢安隐居东山后，谢氏家族中便形成了长辈带领子侄讲论文义，兄弟间切磋砥砺的家庭模式，这种家庭模式成为谢氏家族家风传承的重要形式。谢氏家族自西晋至南朝陈，历经六朝繁衍十余代，时间跨度近300年。从谢缵在曹魏中叶为谢氏家族开基到东晋末年，谢氏家族共五代，有史可考者25人，其中有21人步入仕途。从晋末到宋末近100年间，是谢氏家族发展的第二个时期。生活在这一时期的是第六代至第七代，有史可考者40人，其中有30人步入仕途。从宋末到陈，谢氏的八代至十四代共29人走上了仕途。谢氏家族的兴旺与衰落都和其家风有着千丝万缕的联系。纵观谢氏家族300年的绵延不断，其家族门户地位不败的根源是家风，如今谢氏家族早已消失在历史的长河中，而闪闪发光的是其具有真善美的家风，这也是中华优秀传统文化的一部分，其优秀的家风值得我们去继承、去发扬光大。

---

① 丛艳姿.芝兰玉树生庭阶：谢安与谢氏家风[M].郑州：大象出版社，2016：55.

第三章 地域文化下家风家教的传统性

中国传统家风的形成可以追溯至先秦时期，在漫长的历史进程与世代繁衍的过程中形成了较为稳定的家庭风气，然而在这稳定的家庭风气中，不同地区受当地文化、自然条件等的影响，相互之间也存在一些细微的差别。现以浙江和河南两地为例进行阐述。

一、浙江、河南家风家教的传统性

浙江是河姆渡文化的发源地，河南则是华夏文明的中心，不同的文化对当地人的生活方式、性格、家庭风气等都会产生不同的影响。

浙江的家风家教受儒家文化影响、浙东学派启迪、浙商文化浸润，既具备中华优秀文化的历史基因，又带有鲜明的浙江特色。河南地处黄河流域，黄河的频繁泛滥造成了人口的大规模迁移，在人口迁徙过程中，河南独特的根亲文化逐渐形成。

（一）浙江家风家教的历史脉络

1.浙江家风家教的文脉

文脉，即文明之脉，浙江家风家教的文脉源远流长。浙江文明有"老家"——从5万年前远古的建德人开始，河姆渡文化、马家浜文化和良渚文化揭开了文明的篇章；相传三代时期舜的后代受封于余姚和上虞，大禹治水在绍兴会盟；先秦时期，浙江已形成百越文化，并被称为百越文化的中心，历经春秋时期的越国、三国时期的孙吴以及五代十国中的吴越；南宋时期，中国政治经济中心南移浙江。① 1973年，余姚河姆渡遗址出土的5000多件文物打破了人们对中国文明起源的固有认识，这些文物为人们勾画了一幅7000多年前浙江先民衣食住行的图景，展示出先民的农耕生活以及河姆渡人创造的"稻作文化"。新石器时代晚期的良渚文化，又让人们对4000年前良渚先民的生产水平、创造能力刮目相看。殷商时期出现的印纹陶文化，不仅是越人与自然界斗争的伟大创举，其烧制的质地、印制的纹饰还向人们展示了当时制陶工业水平的提高。春秋五霸之一的越国向人们展示了鼎盛的青铜文化。从西汉到南北朝时期，浙江文化在学术思想、文学艺术、工艺美术等方面都有较大发展。五代十国时期，钱镠建立吴越国，浙江经济持续发展。南宋成为中国政治经济重心之后，浙江在科学技术和文学艺术方面呈现出勃勃生机。

2. 浙江家风家教的血脉

血脉，即血统。中华儿女本为一统，中华民族历来有同姓一家族的观念，这个大家族又包括若干小家族及家庭。中国传统文化中，儒家文化一直居于主流地位，家风家教文化自然接续了儒家文化的"道统"。浙江丽水庆元县大济村素有"进士村"之称，自宋仁宗天圣二年（1024年）至宋理宗宝祐四年（1256年）的200多年间，陆续出现进士及非进士出身涉足仕途者100余人，其中尤以大济吴氏宗族为著：北宋进士吴桓的长女吴彦钦是当朝宰相李纲的母亲，其长子吴彦申是李纲的舅舅，舅甥二人于政和二年（1112年）同登进士；南宋名相文天祥是大济吴氏后裔吴渊的外甥和学生。在浙江衢州，随着孔子第48世孙、嗣衍圣公孔端友南迁，孔氏南宗作《孔氏家训》；在浙江青田，明朝开国政治家刘基作《刘氏家训》，广为流传；在浙江兰溪，诸葛亮第27代孙诸葛大狮带来《诫子书》以及"不为良相，便为良医"的家训，乡里共尊。②

---

① 陈寿灿，于希勇.浙江家风家训的历史传承与时代价值[J].道德与文明，2015（4）：118-124.
② 陈寿灿，于希勇.浙江家风家训的历史传承与时代价值[J].道德与文明，2015（4）：118-124.

浙江家风家教承接的"道统"融汇儒释道，最典型的当数明朝思想家袁了凡的《了凡四训》。袁了凡本是江苏吴江人，后入赘到浙江嘉善，留给了世人一部影响深远的《了凡四训》。研究《了凡四训》不难发现，袁了凡以平民的身份回顾了自己的一生，他总结历史、期冀未来，在融汇儒释道中表达出终极关怀，如："有志于功名者，必得功名；有志于富贵者，必得富贵。人之有志，如树之有根。立定此志，须念念谦虚，尘尘方便。自然感动天地，而造福由我。"

（二）河南家风家教的历史脉络

1. 河南家风家教的文脉

河南地处中原，是中原文化的发源地。早期的裴李岗文化、仰韶文化、龙山文化影响着河南文明的发展进程。河南家风家教的文脉也在河南文明发展进程中通过自身家族文明不断传承和积淀而得以形成。通常，家族在发展延续的过程中较为注重家风门风的建设，以文字的形式将家风固定下来，以谱牒的形式将家族成员联系起来。家风是文化的显现，家训是家风的载体，家谱则是家风家训的谱系化。据《中国家谱总目》记载，目前收录的家谱达5万种以上。[①] 河南的家风家训与家族的谱牒互为表里，一同构成了河南家风家教的文脉。一般在谱牒开篇便阐述家族的家训，除此之外，谱牒的内容还包括家族的起源、迁徙、发展。由家训在谱牒中的位置便可看出家风家训在家族文明的传承中所占的重要地位。

中原文化是中华历史文化的重要根基，也是中华历史文化的主干。历史上，儒家思想成为主导思想后，其中的伦理思想便在家庭文明中发挥着重要的作用。儒家的礼教对河南家风家训产生了较大的影响，使河南的家风家训集中体现了维护封建礼制的思想。

---

① 顾燕.《1949年以来中国家谱总目》著录规则的特点与编纂意义[J].图书馆理论与实践，2022（4）：126-130.

2.河南家风家教的血脉

河南家风家教的血脉是对家庭成员在长期的相处过程中,受相互之间潜移默化的影响所形成的风气的传承。地处黄河流域的河南促进了中原文明的产生,也在人口迁移过程中形成了独特的根亲文化。家风家教作为根亲文化的重要内容之一,既延续着家族的血脉,也延续着河南南迁的血脉,更从根本上延续着华夏儿女的血脉。

家风家教作为家庭文化的重要内容,从文化角度显示了大家族的"基因"。家谱是中国宗族的宗族史,是一种关于本宗族的历史载体,是本宗族家园意识和归属情感的重要体现,反映了本宗族跨越时间维度与空间维度的价值观念与自我精神的确定。谱序中对本宗族始祖、始迁祖、迁祖等事迹叙述详细,本宗族的传承具有祖宗崇拜的性质,如《白居易家谱》载有《香山传谱人》对始祖白居易的描绘:"诗人白居易是我白氏迁洛始祖……白居易官高二品,著有《白氏长庆集》七十五卷。诗人为官清正,刚正不阿,不畏权贵,中立不倚。主张达则兼济天下,穷则独善其身,一生光明磊落,功业闻出天地。忠国爱民,流芳千秋。"白氏家谱的谱序中多次用"高节懿行"来赞美白居易,显示了本宗族成员对始祖白居易的极度敬仰。[1]

在中华文明发展进程中,中原人民曾三次大规模迁移到东南地区,在后两次南迁中,河南文化的影响无疑是显著的。唐朝初期,河南人陈元光开发福建,由于突出的贡献而被后世誉为"开漳圣王"。唐朝末年,河南人王审知带领福建人民发展经济,使社会得到了长足发展。中原人民南迁不仅给南方带去了先进的技术,还带去了优秀的家风家教。史载陈元光为政"屯师不旋,垦土招徕,体积千里,无烽火之警,号称乐土"[2]。王审知为政"宽猛酌中,德刑俱举,孜孜惕惕,夙夜罔怠,戒以视听,杜诸谄谀,坚执纪纲,动无凝滞"[3]。福建民风的改变与陈元光、王审知的重学家风分不开的。

---

[1] 谢琳惠.家谱中"祖"字文化内涵探究:以河洛地区若干家谱为例[J].图书馆,2015(8):99-102.

[2] 闵梦得.漳州府志[M].厦门:厦门大学出版社,2012:1362.

[3] 黄荣春.福州市郊区文物志[M].福州:福建人民出版社,2009:42.

二、浙江、河南传统家风家教的核心精神

(一)浙江传统家风家教的核心精神

1.修德于己

明朝政治家高攀龙在《高氏家训》中说:"人立身天地间,只思量作得一个人,是第一义,余事都没要紧。"首先,人都有向善、向美之心,所以要不断地修身养性、蓄德修业,以使自身无限趋近于完美;其次,人是社会中的人,良好的人际关系有利于人在社会中立足,从而获得更好的发展。浙江的家风家训中有许多关于人如何修身处世的内容。

《钱氏家训》中记载:"心术不可得罪于天地,言行皆当无愧于圣贤。曾子之三省勿忘,程子之四箴宜佩。持躬不可不谨严,临财不可不廉介。处事不可不决断,存心不可不宽厚。尽前行者地步窄,向后看者眼界宽。花繁柳密处拨得开,方见手段;风狂雨骤时立得定,才是脚跟。能改过则天地不怒,能安分则鬼神无权。"[1] 钱氏家族要求子嗣为人处世须行得正坐得端,心术端正,才能大有作为。

《郑氏规范》主要通过礼对子孙的行为进行规范,以培养子孙的修为品行,如第六条:"子孙入祠堂者,当正衣冠,即如祖考在上,不得嬉笑、对语、疾步。晨昏皆当恭敬而退。"[2] 对进入祠堂的行为有明确的规定,且对参加祭祀的每一个人的行为和祭服均有严明规定。郑氏对子弟行为习惯的培养,还体现在日常生活中的细节规定上,如第一百零二条:"子孙须恂恂孝友,实有义家气象。见兄长,坐必起立,行必以序,应对必以名,毋以尔我,诸妇并同。"[3] 第一百十条:"子孙饮食,幼者必后于长者。言语亦必有序伦,应对宾客,不得杂以俚俗方言。"[4]

古人把立志作为修身成人的根本,刘氏家谱中的"志"即要做品德高尚

---

[1] 钱文选.士青全集[M].北京:商务印书馆,1939:142.
[2] 郑太和.郑氏规范[M].北京:商务印书馆,1937:1.
[3] 郑太和.郑氏规范[M].北京:商务印书馆,1937:12.
[4] 郑太和.郑氏规范[M].北京:商务印书馆,1937:12.

德人。"刘氏,士族也。士之子恒为士,诗、书弦诵,垂三百年不徙业,而儒效时闻。"① 刘宗周希望子孙以仁礼存心,以孝悌为本,诗书长读,以圣贤为期,做世代儒宗。而要达到这样的"志",贵在慎独省身。刘氏家训中随处体现着慎独自省的教育方式,如"私居不可不饬度,私居不可不修辞。事之成败,人之敬慢,国之存亡,名之荣辱,身之生死,俱系乎是"②。

2.孝悌为本

浦江郑氏家族一向坚持孝义持家,视孝为最基本的道德。除了大家熟知的"孝感泉"的故事,郑琦的父亲郑照因得罪当朝权贵而入狱,郑琦不顾自身安危多次去狱中看望,冒死上书刺史钱端礼,向其讲述人生大义与儿子对父亲的孝道,表示愿代父领罚,最终保住了父亲的性命。其孝迹在墓志铭上有所记载,一时传为美谈。

《郑氏规范》第十一条规定:"朔望,家长率众参谒祠堂毕,出坐堂上,男女分立堂下,击鼓二十四声,令子弟一人唱云:'听,听,听,凡为子者必孝其亲,为妻者必敬其夫,为兄者必爱其弟,为弟者必恭其兄。听,听,听,毋徇私以妨大义,毋怠惰以荒厥事,毋纵奢侈以干天刑,毋用妇言以间和气,毋为横非以扰门庭,毋耽曲蘖以乱厥性。有一于此,既殒尔德,复隳尔胤。眷兹祖训,实系废兴。言之再三,尔宜深戒。听,听,听。'众皆一揖,分东西行而坐。复令子弟敬诵孝悌故实一过,会揖而退。"郑氏对孝有着非常高的道德要求,在子孙小时候就开始了孝的教育。《郑氏规范》第一百二十条规定:"子孙为学,须以孝义切切为务。若一向偏滞词章,深所不取。此实守家第一事,不可不慎。"

重孝也是《水澄刘氏家谱》的一个显著特点。《水澄刘氏家谱·日涉翁家训》中讲道:"为人子者,孝为百行之先。"③ 为父母尽孝是一切教化之本。《水澄刘氏家谱·守常府君家训》言:"为人子者,听父母之言,体教养之苦,求明教之师,亲规谏之友,熟读经书,勤作文论,立志功名,必登科第,近

---

① 吴光.刘宗周全集·水澄刘氏家谱 第八册[M].杭州:浙江古籍出版社,2012:327.
② 吴光.刘宗周全集·水澄刘氏家谱 第八册[M].杭州:浙江古籍出版社,2012:426.
③ 吴光.刘宗周全集·水澄刘氏家谱 第八册[M].杭州:浙江古籍出版社,2012:413.

显父母,远光祖宗,孝之终也。"孝由亲始,而以光宗耀祖终。

《袁氏示范》中袁采也曾说过"人不可不孝",就事亲之道而言,子女不能仅仅用物质赡养父母,还应做到敬养,即"孝行贵诚笃"。袁采认为,子女应当抱持一颗诚笃之心侍奉父母,这样的话,即使子女有些细枝末节未做到位,父母也能感受到子女发自内心对自己的尊敬,也能够在愉悦的心情下享受天伦之乐。袁采还认为,子女除了怀着一颗诚笃之心,还应时刻注意承顺父母之意,不与父母产生争执,即"顺适老人意"。

父母之恩,如天高地厚,最难图报。吾族为子者,只是尽其心,力所当为,如饮食、衣服之类,虽是孝之疏节,宜极力营办,以奉养父母。纵使家贫,当以色养,不可便生怨怼。冬温夏清,昏定晨省,礼不可缺。不幸父母有过,必下气怡色,柔声以谏,委曲婉转,以待其听。或遇疾病,必侍奉汤药,不离左右。然孝心易衰,于妻子又必须朝夕省谕,教以事舅姑之礼,方是一家孝顺。此为子者不可不知!对于孝父母,浙江象山石浦何氏家族的家规中如上所述。

袁了凡在《了凡四训·积善之方》一篇中提到要敬重尊长,他认为,奉行孝道的家庭,一定有绵绵不断的福报。《钱氏家训》中则强调:"欲造优美之家庭,须立良好之规则。内外六间整洁,尊卑次序谨严。父母伯叔孝敬欢愉,妯娌弟兄和睦友爱。"[①] 一个良好的家庭环境,上要孝敬父母,下要兄友弟恭。嘉兴鲁宗道家训认为"孝悌忠信,人道之纲"[②]。

3. 勤勉为学

《郑氏规范》第一百一十八条规定:"子孙自八岁入小学,十二岁出就外傅,十六岁入大学,聘致明师训饬。必以孝悌忠信为主,期抵于道。若年至二十一岁,其业无所就者,令习治家理财。向学有进者弗拘。"[③] 郑氏家族对子孙的教育较为重视,不同年龄段学习不同的内容,意在教育子孙学习到谋

---

① 钱文选.士青全集[M].北京:商务印书馆,1939:142.
② 中共嘉兴市纪委,嘉兴市监察局.嘉兴名人家风家训[M].嘉兴:嘉兴吴越电子音像出版有限公司,2016:15.
③ 郑太和.郑氏规范[M].北京:商务印书馆,1937:13.

生的本领。

《钱氏家训》有言:"子孙虽愚,诗书须读。"[①] "读经传则根柢深,看史鉴则议论伟。能文章则称述多,蓄道德则福报厚。"[②] 即使是资质愚钝的孩子也不能不读书,读书也要"读经传""看史鉴",以培养出品行端正、性情优雅的子孙后代。

刘氏家族的刘宗周认为读书学习的根本目的在于修养品德,而非争名夺利。他对家族子弟的学习既重视学习之志,又强调学习之道。刘宗周非常重视立志,将立志作为学习的基础因素,他说:"学者以立志为第一义,不立志,不可以言学。"对学习之道,刘宗周强调要勤学,他认为任何知识的获取都是勤奋学习的结果。"一日不用思,思路生;再日不用思,思路塞。思者器也,操之则日习;思者泉也,浚之则日深。"[③]

休宁宣仁王氏宗族的宗规中有一条"蒙养当豫"的规训:"闺门之内,古人有胎教,又有能言之教;父兄又有小学之教,大学之教。是以子弟易于成材。今俗教子弟者何如?上者,教之作文,取科第功名止矣;功名之上,道德未教也。次者,教之杂字柬笺,以便商贾书记。下者,教之状词活套,以为他日刁猾之地。是虽教之,实害之矣。族中各父兄,须知子弟之当教,又须知教法之当正,又须知养正之当豫。"[④] 岸峰唐氏家族的祖训云:"子孙年届学龄,宜送入学,不可规避。"[⑤]

4.勤俭持家

勤俭节约的家风是家道兴旺、衣食富足的重要决定因素。《钱氏家训》有云:"勤俭为本,自必丰亨;忠厚传家,乃能长久。"[⑥] 勤俭自古以来就是中华民族的传统美德,勤俭持家才能长久发展。

---

① 钱文选.士青全集[M].北京:商务印书馆,1939:142.
② 钱文选.士青全集[M].北京:商务印书馆,1939:142.
③ 吴光.刘宗周全集·水澄刘氏家谱 第八册[M].杭州:浙江古籍出版社,2012:420.
④ 陈宏谋.五种遗规[M].北京:线装书局,2015:215.
⑤ 张利民,吴家唯.象山家训三十则[M].宁波:宁波出版社,2016:247
⑥ 钱文选.士青全集[M].北京:商务印书馆,1939:142.

郑氏家族有世代同居的传统，家族人口众多，因而设置18个职务，26人执掌具体事务，这一家庭组织机构在治理大家庭时谨遵勤俭节约的族风，较为明显地体现于"羞服长"一职在处理男女衣资时的严格规定："男子衣资，一年一给；十岁以上者半其给，给以布；十六岁以上者全其给，兼以帛；四十岁以上者优其给，给以帛。仍皆给裁制之费。若年至二十者，当给礼衣一袭。巾履则一年一更。""妇人衣资，照依前数，两年一给之。女子及笄者，给银首饰一副。"①

勤俭节约是维持家庭经济正常运行的基础，袁采对于勤俭有两个判断标准。第一个标准就是家庭日常开支平衡，收入应大于支出。"富家之子，易于倾覆破荡者，盖服食器用及吉凶百费，规模广大，尚循其旧，又分其财产立数门户，则费用增倍于前日。子弟有能省用，速谋损节犹虑不及，况有不一悟者，何以支吾？"②即使大富大贵之家，若总是支出大于收入，也不能长久维持。判断勤俭的第二个标准就是量力而行，"丰俭随其财力，则不谓之费"③。勤劳能广开财源，节俭能积蓄财富。"勤"和"俭"是刘氏家训家规中齐家的重要内容。《水澄刘氏家谱·司马公家训》言："我祖宗创业，唯勤俭二字。我子孙守成业，亦唯此勤俭二字。"④《水澄刘氏家谱》强调"勤"和"俭"是家庭治生之策的核心，对家庭经营管理的具体措施和方法指导起着决定性的作用，也直接影响到家庭的兴衰成败。

许相卿在《许氏贻谋》中告诫家人要生活俭朴，宁俭毋奢。他说："内外服食淡素，恒存酸儒气味。在常服葛苎卉褐土绢绵绸，非婚祭公朝，不衣罗纨绮縠。常食，早晚菜粥，午膳一肴，非宾祭老病，不举酒，不重肉。少未成业，酒毋入唇，丝毋挂身。"

我国古代是农业社会，治家多以勤俭为本，勤即勤于农耕、勤于劳作。

---

① 郑太和. 郑氏规范 [M]. 北京：商务印书馆，1937：7.
② 袁采. 丛书集成新编·第33卷·袁氏世范 [M]. 台北：台湾新文丰出版公司，1985：154.
③ 袁采. 丛书集成新编·第33卷·袁氏世范 [M]. 台北：台湾新文丰出版公司，1985：154.
④ 吴光. 刘宗周全集·水澄刘氏家谱 第八册 [M]. 杭州：浙江古籍出版社，2012：416.

象山孙氏家族宗谱有这样一段话："凡我子弟务农者，当拮据治田，惟三时不失其勤，斯千仓可保其庆。若使旷工度时，秋收失望，恐举家嗷嗷待哺。"在耕种上要适时而做，保证家庭生活基本所需。除了"勤"，还要"俭"。南庄杨氏家族的祖训中提出了尚节俭以惜财的观点："盖自古民风皆贵乎勤俭。然勤而不俭，则十夫之力不足供一夫之用，积岁所藏不足供一日之需，其害为更甚也。"陈隘陈氏家族的祖训则云："训子孙，治家政必贵勤俭，切戒奢侈。勤俭则衣食足，而礼义以兴；奢侈则志气盈，而灾祸以作。"[1]

5. 谨慎嫁娶

《钱氏家训》规定："娶媳求淑女，勿计妆奁；嫁女择佳婿，勿慕富贵。"[2] 在中国古代社会，婚姻一般都依媒妁之言，《钱氏家训》中的这种说法也主要是从家长的角度谈的，无论是娶妻还是嫁女，看中的都应是对方的品性才能而非钱财。

《郑氏规范》第七十三条规定："婚嫁必须择温良有家法者，不可慕富贵以亏择配之义。其豪强、逆乱、世有恶疾者，毋得与议。"[3] 男婚女嫁对每一个家庭而言都是关系到家族繁衍的重大事件，郑氏家族在婚嫁方面有严格的择婚标准，即家法严明的家庭才能与之门当户对，受过良好教育的人才能成为其家庭成员。

《袁氏示范》睦亲篇中说到，夫妻关系的和睦对于整个家庭的和谐至关重要，选择配偶也是决定将来父子关系是否和睦的关键，所以袁采认为"议亲贵人物相当"[4]。男女双方在议亲时更应了解对方的人品，如果不幸娶到品行不端的妻子，"譬如身有疮痍疣赘，虽甚可恶，不可决去，惟当宽怀处

---

[1] 张利民. 象山历代家训家风研究 [M]. 宁波：宁波出版社，2016：132.
[2] 钱文选. 士青全集 [M]. 北京：商务印书馆，1939：142.
[3] 郑太和. 郑氏规范 [M]. 北京：商务印书馆，1937：13.
[4] 袁采. 丛书集成新编·第33卷·袁氏世范 [M]. 台北：台湾新文丰出版公司，1985：149.

之"①。

在婚姻关系方面,姚舜牧认为应将品德作为婚姻的基础。他在《药言》中说:"嫁女不论聘礼,娶妇不论奁资。"他认为,在婚姻中,更应看重婿与妇的品德性行以及家法,而不可贪图对方一时的富贵。

浙江象山地区的家训中对夫妻双方的道德进行了规范,意在教育子孙谨慎嫁娶。象山冯氏家族的宗谱中有训云:"嫁娶先择门户相当,后择婿妇贤德。勿索厚聘,勿贪厚妆。"②

(二)河南传统家风家教的核心精神

1.孝父母

郑州市金水区的杨氏家训家规提道:"在家孝父母,胜过远烧香。顺意父母,内尽其诚;孝敬双亲,外竭其力。"对于孝顺父母这件事,既要内心恭敬,又要竭尽全力,那些"只顾妻子儿女而不赡养父母者如禽兽也"。

郑州地区的邵氏族训族规中说:"百善孝为先。苟念生我、鞠我、抚我、育我之德,则服务、致敬、就养,苟或不,禽兽何别。"赡养父母这件事要心存感恩,自觉尊敬、赡养、服侍父母。新郑白氏家训认为父母将我们养育成人,我们长大后理应做到"乌鸦反哺",尽心尽力去孝敬父母。新郑范氏提醒我们"务要生前致孝,莫教梦里频啼"。

平顶山石龙区的何氏家训家规第一则就教育子孙尽孝时"要有深爱婉容,而承颜顺志;尊敬谨畏,而唯命是从"③。还为后代定下孝的标准:"考先代颍考公,秉性淳厚,以至孝闻,身为宰辅,尊养并至。南北朝,琦公事母捧檄逮存,终养后即隐居不仕。"同族的人应该以这两个人为标准来孝敬自己的双亲。

汤阴县郑氏家训第一句即"人生万事孝为先"。赡养父母应以欢快愉悦

---

① 袁采.丛书集成新编·第33卷·袁氏世范[M].台北:台湾新文丰出版公司,1985:145.
② 张利民.象山历代家训家风研究[M].宁波:宁波出版社,2016:131.
③ 管仁富.河南家训家规[M].郑州:中州古籍出版社,2016:57.

的心对待,"无论贫富逆顺,然事必躬亲,虽不必珍馐锦绣,能以己所有以供之,则足矣"。孝敬父母,不是仅仅物质上供养就可以,还是"力劳作以安其心;供温饱以暖其心;膝下承欢以乐其心"。

安阳县曹氏家训家规认为孝敬父母是不论贫富贵贱的,"家而富也,固当甘旨以奉;即家之贫也,亦宜菽水以欢,昏定晨省,生养死葬,各尽其礼,庶不愧为先贤之后尔"[1]。父母一生养育我们,费尽辛劳,父母对子女的爱一辈子不曾减少、懈怠,子女对父母的孝敬,怎能不殷勤备至呢?商丘市睢阳区的文康公家训对孝敬父母持同样的观点,认为"贫者事亲,菽水亦可;若富贵不甘亲,而天理难容也"[2]。

新郑寺东高村的高氏家训对如何侍养双亲有具体的规定:"对父母祖辈,侍养要敬,赡养要丰,未寒先进衣,未饥先进食,年老不便,谨侍几杖,遭遇病痛,谨侍汤药,外出须扶持,家居要陪伴。"[3]

2. 和宗族

宗族者,同宗共祖之人也。河南地处中原,受地理环境、人文历史的影响,这一地区的人较为重视宗族。

同宗之人,虽有亲疏贵贱之别,但始同出于一人之身。"今世俗浅薄,间有挟富贵,而厌贫贱,恃强众,而凌寡弱者,独不思富贵强众,为祖宗身后之身乎。观于此,而利与害共,休戚相关,一体同视可也。"[4]

同一个宗族的人,应"追思祖德,宏念宗功,毋忘世泽,创造家风",同一个宗族的人"不可存尊卑之分",相互之间要"喜则相庆,忧则相吊,总以相扶相助为念"。在家族中,"贤智者,时教导后辈。先富者,理应携手济贫;暂卑者,勤奋耕耘。穷富不过三代"[5]。

新郑白氏家族认为族人之间应同气连枝,"盛则俱盛,衰则俱衰",因

---

[1] 管仁富. 河南家训家规[M]. 郑州:中州古籍出版社,2016:107.
[2] 管仁富. 河南家训家规[M]. 郑州:中州古籍出版社,2016:187.
[3] 管仁富. 河南家训家规[M]. 郑州:中州古籍出版社,2016:35.
[4] 管仁富. 河南家训家规[M]. 郑州:中州古籍出版社,2016:3.
[5] 管仁富. 河南家训家规[M]. 郑州:中州古籍出版社,2016:9.

此，族中宜"相敦厚亲敬，不可漠不相关，有如路人"[①]。对于一些并非名门望族之家，则会要求子孙"忍字优先"。

平顶山石龙区何氏家族的何渊以身示范，他"不敢失礼于尊卑长幼，族中有贫甚者，量力给财，资其生理，不使为不义事，虽多寡无差，而不责其偿，礼师训子，族弟侄有愿学者，咸听其从，而复资以书籍，然此固无足齿，亦难尽己一点念亲之心耳"[②]。一个家族怎样才能做到"和"呢？安阳县曹氏家训认为"凡尊卑长幼，秩然有序，乃为一门大和耳"。

3. 重读教

新郑市高拱在《家乘》中借分析古人读书的目的告知后人读书要"穷天地之奥，究人物之原，求鬼神之故，考圣贤之要，明进修之方，会康济之略，辨邪正之分，别霸王之徒。善读书也，志正而确，学博而精，文粹而雅，事汇而核，义约而章"[③]。

新郑市寺东高村的高氏家训中提到祖先有遗训："家有一斗糠，送儿进学堂。"即使家庭条件再差，也不能不重视孩子的教育问题。"儿孙虽愚，书不可不读；家中虽贫，书不可不念。"读书是"振家声"的有效途径。

孟津区杨氏治家铭中对子孙的教育问题较为重视，提到"子孙虽愚，经书不可不读"。读书也要读经典的书籍，寻求人生真理。读书"志在圣贤"，而非功名利禄。

平顶山市石龙区的何氏家规第十一条则对子孙读书写字的要求较细，如读书要"以百遍为度，务要反复熟嚼，方始味出，使其言皆若出于吾之口，使其意皆若出于吾之心，融会贯通，然后为得。如未精熟，再加百遍可也"。"凡写字务要庄重端楷，有骨骼，有锋芒，有棱角，不得潦草歪斜，微眇软弱。"不论是读书还是写字，首要的是态度要"敬"。因为何氏认为子弟读书是否成功的一个重要判断依据就是"敬与不敬"，那些"敬重经书，爱惜纸笔，洁净几案，整肃身心"的人，"纵不能尽忠于朝廷，亦可以尽孝

---

① 管仁富. 河南家训家规 [M]. 郑州：中州古籍出版社，2016：19.
② 管仁富. 河南家训家规 [M]. 郑州：中州古籍出版社，2016：66.
③ 管仁富. 河南家训家规 [M]. 郑州：中州古籍出版社，2016：32.

于父母；纵不能建功立业于天下，亦可以自善乎一身"。何氏教育子孙要以"敬"的态度，求得"真"学问。①

平顶山湛河区李绿园的《家训谆言》从语气和用语上看，大约是辑录其与学生（大多是其同族子侄）的平日谈话。《家训谆言》教育子孙"尔曹读书，第一要认清这书，不是教我为做文章、取科名之具。看圣贤直如父兄师长对我说话一般"。此外，读书"必先经史而后帖括"，若读书不明经史，就像一棵无根之木，难以长得枝繁叶茂。《家训谆言》对读书的次序也有注明，即"先《春秋》，次《书经》，次《诗经》，次《礼记》，次《易经》"②，后辈子孙遵照这个顺序读即可。

汤阴县郑氏家训认为读书既是一件苦事，也是一件乐事，想要取得一些成就就必须发愤，所以郑氏对子孙的要求是"吾族人子孙，非钝愚者，皆应自幼励读"③。无独有偶，安阳县曹氏家训也要求"凡我族人，须励志读书"，因为历来"黄榜名成黄卷际，青云路在青灯间"④，唯有苦读，才能取得成功。

4. 务勤俭

郑州市金水区的杨氏家训家规规定"凡我族众，当务勤俭"，在杨氏看来，勤俭是"起家之本、传家之宝、立业之基"。祖祖辈辈靠勤俭积累的财富才有了现在的家业，子孙"时时处处要节约，富年宜当穷年过。有钱当作没钱想，时时刻刻要储蓄，遇到灾荒不遭殃"⑤。

郑州市中原区的孙氏家训规定"祈家之昌者，必奉勤俭"⑥。汤阴县郑氏家族验证了这一说法，郑氏家训提道："吾先祖以勤俭治家，十年数得昌。"正因有了一定的家业基础，才更加看重勤俭，劝诫子孙后代"仕勤读书、农

---

① 管仁富. 河南家训家规 [M]. 郑州：中州古籍出版社，2016：58.
② 管仁富. 河南家训家规 [M]. 郑州：中州古籍出版社，2016：74.
③ 管仁富. 河南家训家规 [M]. 郑州：中州古籍出版社，2016：89.
④ 管仁富 河南家训家规 [M]. 郑州：中州古籍出版社，2016：108.
⑤ 管仁富. 河南家训家规 [M]. 郑州：中州古籍出版社，2016：2.
⑥ 管仁富. 河南家训家规 [M]. 郑州：中州古籍出版社，2016：7.

勤耕田、工商勤营作、妇人勤纺织，何患贫矣"①。不论以何职业为生，只要勤俭，就不会生活贫困。

开封市时氏崇尚节俭，教育子孙勤俭持家是祖先的遗规。"粗衣可服，蔬食亦佳。居不贪高，器唯求洁。"②安阳县曹氏在教育子孙勤俭时，以古圣先贤为例，"昔夏禹身居帝位尚凛疏食之素，况我小民乎？"③针对生活中的开销，应"唯量入为出"，这样无论贫富，家用就可长久充足了。

嵩县周南王氏家训家规教育子孙"治家之道唯曰勤俭，勤以创业修德，俭以积聚养廉，克勤克俭，家计丰裕之道也"④。商丘市睢阳区的宋氏同样认为治家之道"贵在俭朴"，同时要求子孙"朴实忠厚，勤俭治家"⑤，如此传家继世，方能无穷无尽。

平顶山市石龙区的何氏家规十一则认为"勤俭为成家之本，男妇各有所思"。大体遵循男主外、女主内的原则。"男子要以治生为急"，在社会上择一职业而从之，在生活方面"精其器具，薄其利心，为长久之计。逐日所用，亦宜节省，量入为出，以适其宜"。"妇人夙兴夜寐，黾勉同心，植麻枲、治丝茧，织纴组紃，以供衣服。"⑥

商水县张氏的持家之道乃"勤俭二方"，因为张氏认为"勤则生财，俭为备荒"。在生活上，张氏劝诫子孙"节俭为尚，居不贪高，食不求珍。衣不华贵，齐整大方。器质而洁，不图排场。红白好事，不宜铺张。现时富足，当思久长。量入为出，有储有藏"⑦。

---

① 管仁富. 河南家训家规[M]. 郑州：中州古籍出版社，2016：90.
② 管仁富. 河南家训家规[M]. 郑州：中州古籍出版社，2016：41.
③ 管仁富. 河南家训家规[M]. 郑州：中州古籍出版社，2016：108.
④ 管仁富. 河南家训家规[M]. 郑州：中州古籍出版社，2016：53.
⑤ 管仁富. 河南家训家规[M]. 郑州：中州古籍出版社，2016：188.
⑥ 管仁富. 河南家训家规[M]. 郑州：中州古籍出版社，2016：60.
⑦ 管仁富. 河南家训家规[M]. 郑州：中州古籍出版社，2016：215.

三、传统家风家教的传承

（一）传统家风家教的传承内容

1.修身

修身是指用传统的道德规范陶冶自己的性情。修身是治家、孝亲、处世等其他所有行为之本。在多数古代家训中，修身大多被放在第一位。修身是为人处世之本。富贵在天，修己在我。"位之得不得在天，德之修不修在我。"（袁衷《庭帏杂录》）修身首先要立志高远。立志高远虽未必成贤成圣，但胸无大志，则必为凡夫俗子。"若初时不先立下一个定志，则中无定向，便无所不为，便为天下之小人，众人皆贱恶你。"（杨继盛《遗笔》）修身成功的关键在于心态平和、清心寡欲、知足常乐。利欲熏心是修身的大敌，必须摒除。"古人耻以身为溪壑者，屏欲之谓也。欲者，性之烦浊，气之蒿蒸，故其为害，则熏心智，耗真情，伤人和，犯天性。"（颜延之《庭诰》）若对利欲稍加放纵，义理之屏即刻就垮。人须知足，知足则寡欲，寡欲则清心，清心则宁静，宁静则致远。故谓："非淡泊无以明志，非宁静无以致远。"（诸葛亮《诫子书》）修身须持之以恒，贵在平日着力。"凡人修身治性，皆当谨于素日。"（康熙《圣祖庭训格言》）修身不是一蹴而就的事，而是伴随整个人生的漫长过程，它体现在人们日常的所作所为之中。

2.治家

家训的内容总体来说分为两大部分，一为正本，一为致用。如果说修身为的是正本，则治家为的是致用。治家即治理家务，协调家庭内外关系，保证家庭成员衣食充足，本分做人，遵纪守法，邻里相处融洽。历代家训所载的各种治家之法方方面面，详尽备至。

治家实行家长负责制，家庭成员在家长（族长）的带领下各司其职，服从管理，遵守家法族规，管理家族内部事务。家长（族长）按照一定的礼法管制一家大小，奖勤罚懒，惩恶扬善。"家长总治一家大小之务，凡事令子弟分掌，然须谨守礼法，以制其下。"（郑太和《郑氏规范》）当然，家长（族

长)首先必须以身作则。"家长当谨守礼法,不得妄为,至公无私,不得偏向。"(徐三重《家则》)

治家以耕读为本,男耕女织,勤俭兴家。"传家两字,曰读与耕;兴家两字,曰俭与勤。"(吕坤《孝睦房训辞》)"富贵两字,暂时之荣宠耳。所恃以长子孙者,毕竟是耕读两字。"(张英《恒产琐言》)"勤劳发家,俭朴持家。居家切要,在勤俭两字。"(姚舜牧《药言》)"勤与俭,治生之道也。不勤则寡入,不俭则妄费。"(朱柏庐《劝言》)俭与奢是对立的,俭兴家而奢败家。"俭则足用,俭则寡求,俭则可以成家,俭则可以立,身俭则可以传,子孙奢则用不给,奢则贪求,奢则掩身,奢则破家,奢则不可以训子孙。"(倪思《经锄堂杂志》)

居家要善于筹划,精于安排,方能有备无患。凡事"宜未雨而绸缪,毋临渴而掘井"(朱柏庐《朱子家训》)。家有贫富大小,每家须根据不同的情况分别安排,但"量入为出"的原则对于所有家庭都是适用的。"富家有富家计,贫家有贫家计。量入为出,则不至乏用矣。"(倪思《经锄堂杂志》)

治家还要安贫乐道,恪守祖业。热心公益、量力举事、奉公守法、礼貌待客、公平买卖、不轻举债、整洁卫生、小心火烛、谨防盗贼,等等,类似这样的治家细则,在历代家训中比比皆是。

3. 睦亲

睦亲主要是家庭内部关系的协调,强调使父子、兄弟、夫妇、叔侄、姑嫂、妯娌等和睦相处。睦亲除了要协调家人之间的关系,还要处理与宗亲、近邻的相互关系。

在我国封建社会,父子关系在家庭中是最重要的。父子关系的关键是父慈子孝和相互体谅,"人之父子,或不思各尽其道而互相责备者,尤启不和之渐也。若各能反思,则无事矣"(袁采《袁氏世范》),若"为人父者,能以他人之不肖子喻己子;为人子者,能以他人之不贤父喻己父,则父慈而子愈孝,子孝而父亦慈,无偏生之患矣"(袁采《袁世示范》)。

兄友弟恭对于家庭的兴衰关系甚大,骨肉构难,同室操戈,天必两弃,不毁亦败。兄弟间失和极容易发生,导致兄弟失和的主要原因有三。一是贪财。"兄弟当和好到老，不可各积私财，致起争端。"（杨继盛《杨忠敏集卷三》）二是父母偏爱。所以，父母对子女切忌偏爱，"贤不肖皆吾子，为父母者切不可毫发偏爱。"（姚舜牧《药言》）三是妯娌搬弄煽惑。因此，为夫者要经常对妻子晓以大义，"见得财帛轻、恩义重，时以此开晓妇人"。（姚舜牧《药言》）

"有夫妇而后有父子，有父子而后有兄弟。"（颜之推《颜氏家训》）夫妻关系是其他家庭关系的前提。夫妇之道在夫义妇顺，一日夫妻百日恩，为夫者切不可轻易抛弃结发之妻。"尝谓结发糟糠，万万不宜乖弃。"（姚舜牧《药言》）夫妇要同甘共苦，相互体谅，相敬如宾。

在家族内部，除了父子、兄弟和夫妇关系，尚有叔侄、姑嫂、妯娌等关系，忍让是处理所有关系的良药。"人言居家久和者，本于能忍。"（袁采《袁氏世范》）在家族之外，睦亲还涉及宗族、乡邻和亲友，人们和睦共处的基本原则就是相互理解、相互扶持、相互容忍和相互照顾。

4. 处世

父辈为了使自己的后代在事业上有所成就，在社会上有一定的地位，以光耀门楣；或为了使子孙在残酷的现实社会中自谋生路，立稳脚跟，以繁衍子嗣，常把自己的生活经验传授给子孙，教他们协调社会中的人际关系和处理社会事务的具体方法。为人处世的方法数不胜数，且见仁见智各有侧重。

天道亏盈而益谦。"德行广大而守以恭者荣，土地博裕而守以俭者安，禄位尊盛而守以卑者贵，人众兵强而守以畏者胜，聪明睿智而守以愚者益，博闻多记而守以浅者广。"（周公《诫子》）"做事须留有余地，切忌极端，言语忌说尽，聪明忌露尽，好事忌占尽。"（孙奇逢《孝友堂家训》）

祸从口出，言必慎重。"古人慎言，不但非礼勿言也。《中庸》所谓庸言，乃孝悌忠信之言，而亦谨之。是故万言万中，不如一默。"（袁衷《庭帏杂录》）

凡事须忍让，须严以律己，宽以待人。"人之处事，能常悔往事之非，常悔前言之失，常悔往年之未有知识，其贤德之进，所谓长日加益，而人不自知也。"（袁采《袁氏世范》）对他人则不可求全责备，"人生第一吃紧，只不可见人有不是,一见人之不是,便只是求人,则亲疏远近,以及童仆鸡犬,到处可憎,终日落坑堑中矣"(孙奇逢《孝友堂家训》)。

良友益身,恶伴败事。古人极看重子弟的择友。"与善人居,如入芝兰之室,久而不闻其香,即与之化矣。与不善人居,如入鲍鱼之肆,久而不闻其臭,亦与之化矣。"(颜延之《庭诰》)交友之道,在理义相合,意气相投。"朋友之交,皆以义合。"(张履祥《训子语》)朋友之间要取长补短,不可求全。"汝与朋友相与,只取其长,勿计其短。如遇刚鲠人,须耐他戾气;遇骏逸人,须耐他罔气;遇朴厚人,须耐他滞气;遇佻达人,须耐他浮气。"(温璜《温氏母训》)

5.教育

在古代,对子女的教育问题历来受到重视,名门望族会选择建立私塾供家族子孙学习,一般家庭则是从家长为老师,在家庭内部完成对子女的教育。如何对子女进行有效的教育也就成了历代家训的重要组成部分。其内容主要包括读书的重要性、教学方法、教学过程、治学之道以及如何选择教师和教材等。

"爱子莫如教子,教之以礼,教之以学。士大夫教诫子弟,是第一要紧事。"(孙奇逢《孝友堂家训》)"人生至乐,无如读书;至要,无如教子。"(家颐《教子语》)纵使家庭贫困,子孙愚钝,也要设法使其读书。"子孙才分有限,无如之何,然不可不使读书。"(陆游《放翁家训》)

读书学习,能出入仕途固然为好,然能掌握一项谋生技能也不失实用之需,但读书学习主要是为了修身养性、涵养品德。读书做人比读书致仕更重要。"古人读书,取科第犹第二事,全为明道理,做好人。"(孙奇逢《孝友堂家训》)

家训还大量地记载了具体的教学及学习方法,主要如下:教子要宽严并济,寓爱于教,因材施教,因人施教;为学要虚一而静,不为名利所动;学贵博而精,读书要勤奋刻苦,研究要深入细致;学贵谦虚,学贵批评;文以载道;不要囿于书本,不为书本所累;学宜少小始,但晚学亦可成大器,要活到老,学到老;学以致用,学行结合;学习要有恒心,书不离身;等等。

6. 婚姻

男大当婚，女大当嫁。子女婚配的质量与家庭和睦及家族的延续发展关系重大，婚姻自然被家长重点关注。

大多数家训强调，不要在儿女幼小时议婚定亲，万一长大后品性有变，便会追悔莫及。"人之男女，不可于幼小之时便议婚姻。大抵女欲得托，男欲得偶，若论目前，悔必在后。"（袁采《袁氏世范》）择偶重在对方的品行，不在对方家庭的地位。"凡议婚姻，当择其婿与妇之性行及家法何如，不可徒慕一时之富贵。"（姚舜牧《药言》）结婚须选择门当户对的清白人家，切不可妄攀豪贵。

7. 择业

后世子孙的职业选择与事业发展关系到一个家族的兴衰荣辱。古人对择业有四种观点：第一种是科举仕进；第二种是崇本抑末，重农抑商；第三种士农工商，皆可为业；第四种是农工商为治生之正途，反对"仕为四民之首"的教条。

绝大多数家训强调子弟的首选之业是科举仕进，其次是农，最后是工商等。"士、农、工、商各居一艺，士为贵，农次之，工商又次之。"（姚舜牧《药言》）象山石浦何氏家族的家范中提道："四民之中，惟士称首，次则务农。如不能力行，则宜以务农为本。业农者，必须勤苦力耕，勿失其时，庶衣食有资，而俯仰可无累。又次则为工，要精巧。又次为商，要公平。"有一些人认为，除了士农，其他职业皆不可取。"然择术不可不慎，除耕读二事，无一可为者。"（张履祥《训子语》）此外，还有人认为，农桑为本，仕宦次之。陆游便持这种观点："吾家本农也，复能为农，策之上也。杜门穷经，不应举，不求仕，策之中也。安于小官，不慕荣达，策之下也。"（陆游《放翁家训》）

（二）传统家风家教的传承形式

传统的家风家教是中国人治"小家"、为"大家"的历史传承与经验总结，具体的表现形式和符号有家规、家训、家法等。传统家风家教的传承形式多种多样：既有言传身教的口头语言形式，也有家规、家训、家谱等书面文字形式；既有实物形式，也有实践形式。[①]

1.言传身教的形式

言传主要是通过语言的形式（如鼓励表扬、批判斥责、讨论交流等）对子弟进行教育，经过后人的追记、编纂而得以流传。言传主要包括口头训诫和听训辞。

口头训诫也就是口口相授、耳提面命，它的特点就是因事而诫，通常是一事一议，具有较强的及时性和针对性，行文以对话的形式为主，是一种口口相传的大众化的家训范式。口头训诫大多以语录的形式呈现，也就是训主的言行由子弟记录而成，如《尚书·顾命》载周成王临终遗言、《尚书·无逸》述周公（叔）训勉成王（侄）为政为道、《左传》有伊尹遗言三则、《论语·季氏》庭训告诫其子伯鱼"学诗""学礼"之言、《史记·鲁周公世家·周本纪》之《诫子伯禽》等，像此类对话在十三经中并非罕见，但当时记录这些言行的目的主要是学习"圣人之道"[②]；北宋范仲淹的家训由后代子孙追记其言行而成，首句言："范文正公为参知政事，告诸子曰……""江南第一家"的《郑氏规范》等也皆以语录的形式出现。

听训辞是一种比较特殊的语言载体，它的内容既包括父祖长辈的现场训诫，也包括让子弟背诵家训、祖训和家谱等。宋代文学家陆九韶言："以训诫之辞为韵语。晨兴，家长率众子弟谒先祠毕，击鼓诵其辞，使列听之。"[③]《郑氏规范》中也有描述："每旦，击钟二十四声，家众俱兴。四声咸盥漱，八声入有序堂。家长中坐，男女分坐左右，令未冠子弟朗诵男女训诫之辞。"通过朗诵这些训辞，长辈引导晚辈、家人认同和遵守家庭规范和家族秩序。

身教是家长在日常生活中以自己的为人处世方式对子孙进行潜移默化的影响，以身立范、立教。在家庭环境中，作为教育者的家长的一言一行、一

---

① 朱冬梅.中国传统家训文化的载体初探[J].中北大学学报（社会科学版），2022,38(6)：61-67.

② 林锦香.中国家训发展脉络探究[J].厦门教育学院学报，2011,13(4)：45-51.

③ 二十五史刊委员会.宋史[M].上海：开明书店，1935：2879.

举一动无不影响着受教育者，因此家长要起到模范作用，以身作则胜于口头训诲。正如明末清初文学家申涵光在《格言仅录》中所指出的那样："教子贵以身教，不可仅以言教。"①

钱氏家族不仅重视对子孙的知识教育，更注重在平时生活中对子孙进行言传身教。例如，钱学森喜爱干净整洁的环境，每天早上打扫卫生，每次吃饭都穿戴整齐，受他的影响，他的儿子钱永刚也十分重视秩序，保持着吃饭要穿戴整齐的好习惯。

2. 以文字为载体的形式

文字形式的家风家教载体是指家风家教的主体有意识地将自己教育子孙的思想亲自记录成文以便在家庭中流传，而不是由别人记录或追记。文字形式的载体，相较于一时的口头说教，具有不易消失、可反复诵读、代代相传等优势，因而有着更为持久的意义和更为深远的影响，是最普及也是最重要的一种家风家教形式，对家风家教的传承与发展起到了关键的作用。文字形式的家风家教载体在形式上丰富多样，既有家训、家规、家范等长篇专论，也有家书、诗词、碑铭等简明训示。

第一，家训。家训是我国传统家庭教育中的特殊形式，通常是家庭、家族的尊长对家人及晚辈的教育训示。

我国家训的发展历史悠久，最早的家训是《尚书》中周公的训示。秦汉时期的家训多是单篇训诫，如刘邦的《手敕太子》、司马谈的《遗训》、刘向的《诫子歆书》、蔡邕的《女训》等。到了魏晋时期，单篇家训不仅数量众多，质量还俱佳，有较高的文学价值，也有相当的思想深度，为大家熟知的如曹操的《诸儿令》《戒子植》《遗令》、刘备的《遗诏敕后主》、诸葛亮的《诫子书》《诫外甥书》、羊祜的《诫子书》、嵇康的《家诫》等。南北朝时期《颜氏家训》的问世标志着中国家训的正式形成，《颜氏家训》也被誉为"古今家训之祖"。

家训在宋代进入全面发展时期，当时各种家训作品层出不穷，如范仲淹

---

① 武东生. 人之父 [M]. 天津：南开大学出版社，2000：159.

的《告诸子及弟侄》、欧阳修的《家诫二则》、苏洵的《名二子说》与《安乐铭》、王安石的《赠外孙》、黄庭坚的《家戒》、司马光的《训子孙文》《训俭示康》《温公家范》、陆游的《放翁家训》、袁采的《袁氏世范》、朱熹的《训蒙诗》等。宋时的家训已不再局限于家庭或家族内部，而是逐渐走向社会化和大众化。元时家训的发展转入低潮，除了大家耳熟能详的《郑氏规范》，其余多为零散篇章，而此时的家训也发展成为民间家谱的重要组成部分。

明清时期家训的发展进入高峰期，这一时期不仅家训作品大量增加，众多家训还被辑录丛书。这一时期的家训作品有百余部，如明代方孝孺的《家议》、明宣宗的《寄从子希哲》、周怡的《勉谕儿辈》、袁衷的《庭帏杂录》、清代张履祥的《训子语》与《示儿》、王夫之的《示侄孙生蕃》与《示子侄》、康熙的《圣谕广训》与《庭训格言》、郑板桥的《谕麟儿》与《又谕麟儿》、左宗棠的《致孝威孝宽》、孙奇逢的《孝友堂家规》、朱柏庐的《治家格言》、张履祥的《张杨园训子语》、曾国藩的《曾文正公家训》等。辑录丛书的作品如明秦坊的《范家集略》、清陈宏谋的《教女遗规》《训俗遗规》、阎敬铭的《有诸己斋格言丛书》等。①

第二，家训诗。所谓家训诗，是指运用诗歌的形式对子孙进行劝诫。以诗训子在西周时期就已出现，汉代以后数量越来越多，并涌现出了一些家训诗名篇，如东方朔的《诫子诗》、潘岳的《家风诗》、陶渊明的《命子》《责子》《与子俨等疏》等。

唐代杜甫作《示儿》，勉励其子杜宗武，又作《示丛孙济》；韩愈作《示儿》《符读书城南》鼓励儿子读书以飞黄腾达；白居易作《狂言示诸侄》不主张子弟读书以求取功名，并在《闲坐看书贻诸少年》中训导诸侄不要贪名逐利；李商隐作《娇儿》勉子爱国；诗僧王梵志出家后仍留意俗家，写诗劝诫家人，主要内容有"欲得儿孙孝，无过教及身""家中勤检校，衣食莫令偏""养子莫徒使，先教勤读书"等。

---

① 李江伟. 中国家训发展史略 [J]. 金田，2012（8）：128.

训诫子弟诗作最多的当数宋朝的陆游,他一生写了100多首教育儿女的诗歌。其中,《示元礼》的"但使乡闾称善士,布衣未必愧公卿"告诫儿子首先要学会做人;《示儿》中的"闻义贵能徙,见贤思与齐"教导儿子做好人必须做到有错必改、见贤思齐。在做学问方面,有《冬夜读书示子聿》《示元敏》等诗告诫儿子要从年轻时就努力读书做学问,将所学的道理学以致用。陆游忧国忧民、忠贞爱国的情怀通过《病中示儿辈》、临终绝笔《示儿》等诗传递给子孙并深刻影响了子孙,其孙子陆元廷为抗敌奔走呼号,积劳成疾而死;曾孙陆传义与敌人势不两立,崖山兵败后绝食而亡;玄孙陆天骐在战斗中宁死不屈,投海自尽。

明朝名臣于谦以《示冕》诗劝勉长子于冕勤勉用功、读书治学,莫负年少好时光:"阿冕今年已十三,耳边垂发绿鬖鬖。好亲灯火研经史,勤向庭闱奉旨甘。衔命年年巡塞北,思亲夜夜梦江南。题诗寄汝非无意,莫负青春取自惭。"

第三,家书。家书是中国传统家风家教的重要载体和传播范式,灵活方便的书信体中用平易朴素的语言,感染、说服被教诫对象。两汉至南北朝时期,以书信训诫子弟盛行一时,当时身处异地的父兄和子弟常以书信往来,而家书成为父兄教诫子弟的重要方式,如孔臧的《与子琳书》、刘向的《戒子歆书》、马援的《诫兄子严敦书》、郑玄的《戒子益恩书》、张奂的《诫兄子书》、司马徽的《诫子书》、诸葛亮的《诫子书》与《诫外生书》、羊祜的《诫子书》、陶渊明的《与子俨等疏》、王僧虔的《诫子书》和徐勉的《诫子崧书》等,都是有名的教子家书。[①]

唐代含有家训内容的家书数量不少,其中较重要的有颜真卿的《与绪汝书》、李华的《与外孙崔氏二孩书》与《与弟莒书》、李翱的《寄从弟正辞书》和李观的《报弟兑书》等,唐太宗的《诫吴王恪书》《诫皇属》等篇章渐渐在社会上流传,对后世产生较大影响。

宋代利用书信的形式教育子弟的家训作品如苏轼的《与子由弟二则》与

---

① 朱冬梅.中国传统家训文化的载体初探[J].中北大学学报(社会科学版),2022,38(6):61-67.

《与侄书》、范仲淹的《与兄弟书》和朱熹的《朱子家训》等。元代的许衡在写给儿子的信中告诫儿子一定要学好《小学》《四书》这些儒家经典。明清时期，以家书形式呈现的家训更多。现今流传于世较完整的有《郑板桥家书》《史可法家书》《汤文正公家书》《曾文正公家书》《胡林翼家书》《左文襄家书》《李鸿章家书》《纪晓岚家书》《林则徐家书》等。

第四，家法家规。家法家规通常由家族中的尊长制定，借助其权威施行，用以约束家庭成员的行为、协调内部关系等。尊敬父母、友爱兄弟、夫妻和睦，家庭才能有秩序。家法家规的内容包括立祠堂，用来奉先世神主，四时祭祀，出入必告。家规针对不同身份的人制定行为规范，要求所有的家庭成员遵守。作为家长要以身垂范，一言不可妄发，一行不可妄为，要明辨是非，处事公正，如此方能督率众人，振兴家业。也因此家法家规在教化方面呈现出较强的强制性和约束性，对每一位家庭成员都有一定的约束力。

成文的家法家规大约形成于唐代。有"言家法者，世称柳氏"之誉的《柳氏叙训》为唐末名臣柳玭所著，其被认为是我国古代家庭教育史上最早的一部较完善和系统的家法。较成熟的家法当推江州陈氏家族的第七代家长陈崇制定的《陈氏家法三十三条》。该家法明确规定："持酒干人及无礼妄触犯人者，各决杖十下。妄使庄司钱谷，入于市肆，淫于酒色，行止耽滥，勾当败缺者，剥落衣妆，归役三年。"[①] 对违反家法的家庭成员有不同的惩罚。

家规对子孙的规定主要在读书、立志、做人、交友、择师、修身诸方面，规定很明确，不得违反，违反者要受罚，如《郑氏规范》中规定，掌管家财的子孙酗酒，乱花钱，以致亏空，与私置财产者同样治罪。家规对媳妇的规定很多，认为媳妇对家庭的安定团结会起到重要作用，如《郑氏规范》要求"诸妇必须安详恭敬，奉舅姑以孝，事丈夫以礼，待娣姒以和"[②]。《郑氏规范》还涉及如何保管家庭财产、发放衣服费、子女的婚姻、抚恤族人等专项规定。

---

① 费成康.中国的家法族规（修订版）[M].上海：上海社会科学院出版社，2016：202.
② 王若，李晓非，邵龙宝.浅谈中国古代家训[J].辽宁师范大学学报（社会科学版），1993（6）：39-43.

家规带有"法"的性质，在家庭中将道德上升到法律的高度，对违反规定的家庭成员予以处罚，如司马光的《居家杂仪》中规定了对不孝敬公婆的媳妇的惩罚："姑教之。若不可教，然后怒之。若不可怒，然后笞之。屡笞而终不改，子放，妇出。"① 宋代的包拯更是用三十七字家训规定："后世子孙仕宦，有犯赃滥者，不得放归本家；亡殁之后，不得葬于大茔之中。不从吾志，非吾子孙。"

3. 以实物为载体的形式

以实物为载体的传承形式通常是家长通过陈列或展示祖先遗留下来的器物及其所承载的文化与价值意蕴，引导教诫子弟、家人。祖先遗留下来的器物是最明显、最重要的家风家教载体。

五代后唐名将符存审戎马一生，身上的箭伤一百多处，他将从自己身上取下来的一百多个箭头积聚起来给儿子们看，用这些触目惊心的箭头警示子弟今日之富贵来之不易，以激励他们立志报国、奋勇杀敌，维护家族荣誉。

父辈赠予晚辈的物品寄托着长辈的祝愿与期望，也可以看作实物家训。例如，宋人高登将砚赠送给儿子们，其意显而易见："人以田，我以砚。遗尔箕，意可见。"② 运用实物教子，比一般的家教更形象、直观，能给人留下更深刻的印象。

在温州永嘉芙蓉村，当地父老将抗元名将陈虞之的官印、朝笏、圣旨牌等摆在宗祠内供人瞻仰，一方面警示子弟今日之太平来之不易，激励他们胸怀大志、立功报国；另一方面教育子弟为了民族、为了人民要做到正直刚毅、不畏强权。正如陈氏宗祠内楹联云："河山如许，悲观最伤心，半壁难支，内地变胡尘，只剩芙蓉困铁血；冠带凛然，生气放大胆，戈光祖国，独臣抗元军，先为武汉鼓风潮。"③

---

① 陈宏谋.五种遗规[M].北京：线装书局，2015：162.
② 曾枣庄，刘琳.全宋文[M].上海：上海辞书出版社，2006：422.
③ 陈寿灿，于希勇.浙江家风家训的历史传承与时代价值[J].道德与文明，2015（4）：118-124.

4. 实践的形式

实践是让子弟参加实践活动，通过社会实践得到锻炼，从而开阔眼界、通晓人情世故、积累处世经验、增强谋生本领。《郑氏规范》明确规定："凡子弟，当随掌门户者轮去州邑，练达世故，庶无懵暗不谙事机之患。"姚舜牧认为，复杂的社会关系、遭遇的艰难险阻、大城市的繁华耀眼等都能使一个人得到很好的锻炼，是一个人成长的好机会。清代政治家林则徐十分注重子弟的社会实践，希望他们能够在社会的大课堂上经受风雨、锻炼能力。他的次子林聪彝长期待在家中，缺乏社会经验，林则徐便写了一封书信要求他到广州进行历练，他还在信中提到广州的名师多，林聪彝到广州后不仅可以不断精进学业，还可增长见闻，嘱咐他切不可过于贪恋家园，无远大志向。

还有一种实践形式就是训诫仪式，包括"祠堂读谱"和"会所读约"两种。"祠堂读谱"是族长或家长在家族祭祀或重大节日时在祠堂向众人宣读家训家规。《郑氏规范》中就详细地记载了祠堂读谱的操作规范：每逢朔望，家长带领家族成员在祠堂唱念道德歌诀和家规家训；每天早晨，家人集中到"有序堂"，令未成年子弟朗诵《男训》《女训》。明代文学家许相卿的《许氏贻谋》中也有详细规定：每年岁末，家族的全体人员要一起阅读家则，对违反家则的子弟进行批评规劝。

四、传统家族结构特点

我国传统的家庭结构以家族的形式存在。从原始社会末期到新中华人民共和国成立这段漫长的岁月里，家族制度一直存在着，但在不同的时期有不同的表现形式：原始社会末期是父系家长制家族，夏商周奴隶社会时期是宗法式家族，秦汉时期是强宗大族式家族，魏晋南北朝时期是世家大族式家族，宋朝至清朝前期则是封建家族。

家族与家庭在概念上是有区别的，家族是以血缘关系为纽带、以家庭为基本单位结合而成的一种社会组织。它与家庭的区别主要表现在以下几个方面。首先，在结构上，家族具有直线性和单系性。一对夫妻可以组成一个家庭，却不能称之为一个家族，家族通常是同一个男性祖先的子孙若干代聚族而居,这个"若干代"是以男性这一条单系计算的。其次,在功能上,家族是担负着包括经济、抚育、赡养等各种社会职能的团体。最后,在时间上,家族一旦形成就比较稳定,不会因为某一对夫妻的死亡、某一个家庭的消失而消失。

这种较为稳定、平民化和大众化的家族制度是在宋朝形成的,到了清朝,封建家族制度日趋完善,有了较为典型的特征。

(一)聚族而居的村落结构

封建的家族组织多是一姓一个村子或一姓几个村子,家族的形成与土地有密不可分的关系,同一个家族会在一片土地聚集居住,往往是几十、几百甚至几千户的同族人集中在一个居住点,东魏、北齐时出现的刘氏、张氏、宋氏等几大家族,就有"一宗将近万室,烟火连接,比屋而居"的情况。明清时期,河南传统家族最初多近坟而居,将逝去的亲人葬在自家房屋周围,清代南阳府新野县梁弘式墓碑上就记录了双亲葬于儿孙屋宇附近的事迹。

(二)系统严密的家族组织

每一个家族中都有严密的家族组织。族长是最高首领,在族长之下根据血缘关系的亲疏远近细分为若干房或支,房设房长或房头,房长统率许多个体小家庭。族长下面还设一些助手帮他管理家族,其中就包括主母,主母一人掌控全家妇女;设典事、勘司、司库等人管理户籍、田产、税粮等;还专门设立"庄首",带领和监督家族成员到田里耕作。另有一些家族还设立各种职务司掌族内公共事务,分别管理祠堂、族田、祭祀品以及协调族众关系。亦有些家族还设立包括宗子、族长在内的族事会,作为咨询机构协助管理族中事务。[①]

(三)绝对权威的族长统治

族长是一个家族的最高首领,总管全族事务,在处理族内事务方面有至高无上的权威。"凡族中事,皆听其一言为进止,无敢违。"族长拥有祭祖的权

---

① 李永芳.中国古代传统家族制度的历史嬗变[J].湖南社会科学,2022(1):164-172.

力，通过祭祖加强宗族的凝聚力，同时增强族长的权力形象；族长还拥有修编族谱的权力，修家谱是家族中的重大事件，每个家族都会定期续修，《高路浦城季氏宗谱》卷一《谱训》规定："谱宜三十年一修，若不遵此，即属不孝。"这无疑进一步增强了族长续修族谱的责任感。族长还拥有对违法族人的初级裁判权和有限制的处死权。《义门陈氏大同宗谱·彝陵分谱》中说："合族中没有以卑临尊，以下犯上，甚至家骂殴斗，恃暴横行者，须当投明族长及各房宗正，在祠堂责罚示戒。"甚至对不守贞节的女子有活埋、沉潭、立即处死等处罚。《郑氏规范》中对于子孙一些有损家族族风的行为，由家长主持并对其进行应有的处罚，第十八条有言："子孙赌博无赖及一应违于礼法之事，家长度其不可容，会众罚拜以愧之。但长一年者，受三十拜；又不悛，则会众痛箠之；又不悛，则陈于官而放绝之。仍告于祠堂，于宗图上削其名，三年能改者复之。"除此之外，屋宇之事、凶荒事故等都属于族长的管辖范围。

（四）遍及城乡的家庙祠堂

祠堂是一个家族的中心，象征着家族的团结。祠堂是全族祭祀祖先的场所，祠堂里供设着祖先的神主牌位，《同治宜昌府志》中记载"每于春秋择吉日合族入祠致祭"。祠堂也是族众讨论族中事务的会场，族中遇到难以解决的纠纷，需全族共同商议时，便集合到祠堂商议，《义门陈氏大同宗谱·彝陵分谱》中记载，凡是同宗族的人遇到挑衅，不论事情大小，都应先请族长来祠堂"问明理处"。祠堂还是家族的法庭，定期向族人宣传家法族规，《同治广州府志》中记载"其族长朔望读祖训于祠"；同时在祠堂中执行家法族规，处罚违反家法族规的子孙，如南海《霍氏家训》规定，子侄有过错的，在朔望之日告于祠堂，"鸣鼓罚罪"。

拜祖、立庙祭祀早在原始社会后期就已存在，根据地位等级，祖庙的名称和规模有所不同：后世天子及诸侯的祖庙为宗庙，而士大夫的祖庙则名为家庙。周代以后根据身份等级的不同，对祖庙等级也有了相应规定：天子为七庙，诸侯为五庙，大夫为三庙，士为一庙，庶人祭祀于寝。[①] 宋代至明清

---

① 李永芳.中国古代传统家族制度的历史嬗变[J].湖南社会科学，2022（1）：164-172.

时期，随着家族制度的平民化和大众化，"族必有祠"在城乡已成为普遍现象。正如清代史学家全祖望指出的那样："而宗祠之礼，则所以维四世之服之穷，五世之姓之杀，六世之属之竭，昭穆虽远，犹不至视若路人者，宗祠之力也。"①

（五）风气盛行的家谱修纂

家谱记载着全族的世系、户口、婚配和血缘关系，以及全族的坟墓和族田的方位等。家谱一方面可以防止异姓乱宗，另一方面可以激发族人效法先人，光宗耀祖。家谱既是家族的小百科，又是解决家族纠纷的依据。随着家族制度的平民化，明清两代可以说既没有无谱之族，也没有无谱之人。为了保证家谱的完整性，每个家族每年都会集合族人到祠堂检查家谱，对损坏或出卖家谱的子孙严惩不贷。为了确保血缘关系上的清楚、准确，家族基本会定期续修家谱，一般30年修一次，修谱的指导思想是"隐恶扬善""为亲者讳"。

（六）普遍存在的族田设置

传统家族的维持、发展需要有经济上的支撑，族产即这一支撑。族产主要指族田，又称公田。族田是家族的经济命脉，是家族各项活动的经济后盾，是家族赖以生存的物质基础，没有族田就没有家族的凝聚、延续。族田获得的收入用于家族内部的各项费用支出，举办族内各类公益事业、救济贫困族人都从中支取。从文献记载来看，宋代以后家族购置族田的风气开始盛行，到了明清时期，家族购置族田更成为普遍现象。族田名义上属家族公有，不能买卖，一般由族长单独负责家族公共产业的购置，《郑氏规范》中记载："子孙倘有私置田业、私积货泉，事迹显然彰著，众得言之家长，家长率众告于祠堂，击鼓声罪而榜于壁。更邀其所与亲朋，告语之。所私即便拘纳公堂。有不服者，告官以不孝论。其有立心无私、积劳于家者，优礼遇之，更于《劝惩簿》上明记其绩，以示于后。"

---

① 蒙晨.中国近代家族制度的形式与族权的特点[J].广西社会科学，1987（1）：55-66.

第四章 地域文化下家风家教的现代性

一、社会主义核心价值观下的家风家教内涵

（一）现代家风家教的理论渊源

现代家风家教的形成并非一朝一夕，而是有着深厚的理论根基，既融合了我国传统优良家风家教的文化底蕴，又结合了马克思主义关于家庭教育的科学内涵，还承袭了红色革命文化中家风家教的价值追求。理论涵养相互促进，维系着家庭和睦、社会和谐，为建构全面、系统的现代家风家教提供重要的理论支撑。

1.中华优秀传统文化

中华优秀传统文化源远流长、博大精深，其深厚的文化根基涵盖了为人处世、行为世范的精神力量，是中华民族屹立前行的不竭源泉。我国从古至今都非常重视家风家教的培育，重视家庭建设的作用，优秀传统文化中包括家风家教等丰富的资源，这些资源是对历史文化的概况总结，在今天依旧值得学习借鉴。

首先，强调家国情怀。中华优秀传统文化推崇家国思想，将国家、家庭、个人统一起来，家国同构深入民族血脉。朱熹也提到过："古之欲明明德于天下者，先治其国。欲治其国者，先齐其家。"[1] 忠贞爱国的陆游也曾挥笔写下"位卑未敢忘忧国"，吴越钱氏的"利在一身勿谋也，利在天下必谋

---

[1] 朱熹.四书集注[M].长沙：岳麓书社，2004：6.

之"、范仲淹的"以天下为己任"、于谦的"石灰风骨，煤炭精神"等，也都彰显了作者舍家为国的民族大义，咏怀自身为国的政治理想抱负，这些都能凸显家国同构的思想。正是这些思想塑造着一代代的中华儿女修身齐家的素养，为家为国的民族情怀成为现代家风家教建设的思想精髓。

其次，"合""和"成为家文化的核心理念。家庭作为社会的基本构成要素，要不断传承忠孝、敬亲、仁爱、勤俭的家风家训，让家庭在维护社会和谐稳定中发挥更大的作用。《颜氏家训》中提倡"勤、俭、恭、恕"四德治家的教育思想，表明身为长辈应当好表率，以身作则；与友邻相处，要做到相亲相爱、以和为贵；做事情讲究不慕虚名、求真务实等。这对于现代家风家教建设具有非常重要的借鉴意义。家文化的核心理念是家文化建设的宝贵财富，要深刻把握并进行创新性的继承与发展，建设有中国特色的现代家风家教文化。

再次，强调修德，重视品行培养。品、德是修身之本、立业之基、为政之要。在我国传统文化中，人才培养的首要要求便是修身明德。《大学》曾曰："古之欲明明德于天下者，先治其国；欲治其国者，先齐其家；欲齐其家者，先修其身；欲修其身者，先正其心；欲正其心者，先诚其意；欲诚其意者，先致其知。致知在格物。""君子慎独"也注重自我反省、明辨恶习，以及提高自我品行修养。朱熹有家训"勿损人而利己，勿妒贤而嫉能。勿称忿而报横逆，勿非礼而害物命。见不义之财勿取，遇合理之事则从"传世；方孝孺注重的"虚己者，进德之基"、王阳明提倡的"致良知"、章太炎推崇的"凡人总以立身为贵"，以及沈钧儒的"以石为伴，淡泊名利"等都为现代家风家教建设提供了精神营养。

最后，重视家庭教育，道德传承。根据"躬行""身教"理念，讲究家庭教育的知行合一，强调在实践中检验家庭教育成果。《颜氏家训》有云："养不教，父之过。"[1] 家庭教育强调道德的传承、精神的延续；注重流芳千古，这也是我国素来重视家风家教的意义。家庭教育中诠释的高贵品质、道

---

[1] 颜之推. 颜氏家训 [M]. 昆明：云南人民出版社，2003：24.

德精神才是最宝贵的。

2.马克思主义理论

家庭是人类社会的重要组成部分。马克思、恩格斯非常注重对家庭教育建设的研究，在诸多著作中提及家庭起源、本质、结构以及妇女的家庭地位、社会地位等理论内容。[1] 现代家风家教的研究探析也应充分学习、借鉴马克思主义理论，坚持以人为本、和谐稳定、为家为国的立场态度，立足我国实际和时代特色，创新性地继承马克思主义理论中关于家庭家教建设的思想。

首先，家庭起源。马克思在《德意志意识形态》中写道："每日都在重复生产自己生命的人们开始生产另外一些人，即繁殖，这就是夫妻之间的关系。父母和子女的关系，也就是家庭。这个家庭起初是唯一的社会关系。"家庭无法摆脱社会而独立存在，必须依附于社会，所以家庭只能是社会中的家庭。家庭是一种特殊的社会关系，其存在不单是为了人类生产生活的需求，还是为了人类繁衍。

其次，家庭的本质。马克思在《德意志意识形态》中揭示了家庭的本质是社会关系，是人类社会发展到一定阶段的产物，它作为一种社会组织形态而存在，实质上和生产方式、社会关系以及特定社会阶段密切相关，并且其结构和表现形式会随着社会的变化发展而改变。人们通过劳动改善自身家庭经济条件，促使形成良好的家庭氛围。好的家庭氛围能够带动社会风气的改良，进而带动社会发展繁荣。好的家风对维护社会稳定、国家繁荣发挥着重要作用。我们应学习运用马克思主义理论中对家庭本质的分析，结合新时代的发展特色，最大限度地发挥家庭建设的作用，以现代家风家教建设下的好家风推动好社风、优党风、廉政风的形成。

最后，自由平等的家庭观。马克思主义认为，要想实现家庭自由平等的状态，必须消灭私有制，主张统一的家庭权利与义务，倡导家庭成员间的平等地位，强调家庭教育对孩子成长成才的意义重大，只有建立新型的家庭关

---

[1] 戴宏纡.中华优秀传统家风的传承与发展研究[D].锦州：渤海大学，2021.

系，才能将自由平等的家庭观变为现实。

3.红色革命精神

红色革命精神是在我国革命、建设、改革的历程中，一代代的共产党人艰苦奋斗所形成的独特精神品质，蕴含着为党为国、清正廉洁、艰苦卓绝、甘于奉献的高尚追求，为现代家风家教的建设提供了重要的理论支撑和文化价值。

首先，忠党爱国的情怀。家国情怀由来已久，会因时期的不同、阶段的变化表现出不同的形式。红色革命精神中的爱国基调更侧重于处理国家与家庭两者间的关系。在革命时期，不管面临多大的艰难险阻，老一辈的革命家都能以顽强的意志力拼搏行动，书写自己为党为国的无限忠贞与热爱。例如，革命时期的林环岛同志心忧国家，被称为战火纷飞中的无畏"逆者"，在祖国需要时，他毅然决然上阵杀敌，并甘愿为之流血牺牲；面对家乡建设，他同样热忱满怀，为民服务踏实办事。还有顶天立地、忠贞不屈的英雄人物杨靖宇，积极宣传抗日救国运动的伟大爱国者郁达夫，留下多封感天动地的家书并慷慨就义的王孝和，立下宏愿"做一个利国利民的东南西北人"的俞秀松等，这些英雄人物都刻画出了深厚的家国情怀。

其次，清正廉洁的品行。经过长期的积累、成长发展，中国共产党形成了体系化、规范化的规章制度，如党内纪律、优良惯例、党章和条例等。老一辈的革命家十分强调家风家训家规的形成与教化，陈云同志为家人定下了"三不准"家规，周恩来同志立下了"十条家规"，陈毅告诫子女要以清廉为本、坚守本心等。他们所倡导的清正廉洁的品行，也警醒着其他党员同志廉洁自律。作风受家风影响，家风淳则纪律明、党风正。老一辈的革命家以身作则，时刻秉持清正无私、廉洁自律的家风作风，也为其他家庭的家风家训建设提供了学习的典范事例。

最后，艰苦奋斗、无私奉献的追求。不贪、不腐、不搞特殊也是老革命家十分重视的家风，不仅对现代家风家教建设起到示范引领作用，还从理论和实践上丰富了家风文化。例如，焦裕禄家风思想中最闪光的一点在于"任何时候都不搞特殊化"，时刻要求自己艰苦朴素、廉洁奉公。焦裕禄是从山里走出来的，他历经各种磨难，带领百姓过上了好日子。不管是在生活中还是在工作中，他都始终以身作则，提倡节俭。他的言行举止深深地影响着他的子女，他的光辉事迹也凝聚成了焦裕禄精神。这一精神也是现代家风家教建设不可或缺的理论基础，为现代家风家教建设提供了丰厚的精神滋养。

（二）现代家风家教的内涵

传统家风家教受封建伦理纲常思想的影响较深，且其总体内容覆盖的范围较广，不仅关乎日常生活，还涉及为人处世。依据儒家思想教化，传统家风家教教导家庭成员先修身养性、严于律己，再齐家治国平天下，家庭成员间注重长幼尊卑，刚直正义，相亲相爱。中华人民共和国成立之后，受文化经济的改变、政治生活变化的影响，传统家风家教的意识形态产生了质的转变，家风家教具有了现代性的新时代内涵。

1. 对传统儒家文化的批判式继承与扬弃

传统社会中的家庭伦理注重家国同构，强调君权、父权、夫权等级秩序，直至中华人民共和国成立，传统家风文化的思想根基才被彻底打破。家风文化逐渐具有多元化和现代化的特点，是对封建宗法等级制度下儒家文化的扬弃式继承与创新发展。

在传统家风文化中，孝老爱亲是儒家所倡导的家庭教育的价值内核，是维系家庭和睦的桥梁。现代化的家风家教也创新式地继承了孝老爱亲，由传统的忠君愚孝、君臣父子等演变为尊老爱幼、平等互敬互爱等新型的伦理观念，由片面注重孝文化到双向发展的孝敬、爱亲，甚至将孝亲扩展到国家、民族与社会建构上，也就是忠于国家、忠于民族、忠于社会主义现代化事业。可以说，现代家风家教是对传统家风文化的高度凝练和扬弃式发展，亦切合社会主义先进文化发展的需求，是传递新时代中国特色社会主义核心价值观的精神符号。

2. 新时代家风家教观念的确立与挑战

青年有理想，国家有希望。对于新时代"四有"青年的培育，家庭教育发挥着举足轻重的作用，家庭是良好家风家教形成的重要环境。我国现在处于社会转型的关键期,受传统宗法社会的解体、农耕文化的消解、个体主义盛行、道德观念式微以及西方价值的冲击等各种客观因素的影响,新时代优良家风家教的培育面临诸多新的情况与挑战。

良好的家庭教育可以有效维护家庭和谐、优化社会风气、提升公民素养。现代化家风家教的培育与传承弘扬,更应从新观念、新文化、新精神出发,从点滴做起,把家庭教育打造成培育社会良好风尚的强力载体,从家风和合到教导有方,致力将现代化的家风家教文化发展转化为助推国家发展、社会和谐的强有力因素。

3. 传承现代化向上向善的家风家教观念

习近平总书记强调,家风是社会风气的重要组成部分。家庭不仅是人们身体的住处,还是人们心灵的归宿。家风好,就能家道兴盛、和顺美满;家风差,难免殃及子孙、贻害社会。尊崇向上向善的家风家教观念,就要教导家庭成员爱国、爱党、爱社会主义、爱中华民族,围绕时代需求,确立与中国式现代化发展相适应的家庭教育理念。这种理念既包含对传统家风文化中孝老爱亲、勤俭持家等观念的继承,也包括吸收借鉴世界有益的文明成果,提倡男女平等、邻里和睦、忠诚担当、生态环保等思想;既凸显其时代性,也涵盖民族性;既不妄自菲薄,也不泥古不化;既有传承坚守,也有包容扬弃。我们应助力社会主义新文明新风尚建设,在社会主义现代化事业建设进程中弘扬发展现代化的家风家教。

4. 践行共建共享,做到惠民利民

践行共建共享,做到惠民利民是现代家风家教的本质要求,以社会主义核心价值观为指引,应为全体社会成员的共同行为追求。一方面,共建处于现代家风家教中的主体地位,既要坚持人民立场,体现主人翁精神,也要展现全民的价值认同,多主体、多功能联合施策,确保现代家风家教弘扬社会主义主旋律。另一方面,在实现家风家教共建的前提下,达到现代家风家教建设和成果由全民共享的目的。现代家风家教的建设不是阶段性的任务,而是通过建设成就去服务家庭、社会和国家,真正提升民众的幸福感、获得感,"以小家庭的和谐共建大社会的和谐,形成家家幸福安康的生动局面"①。践行共建共享,做到惠民利民,也是现代家风家教建设的"方向标"。

(三)社会主义核心价值观下现代家风家教培育的主要内容

社会主义核心价值观凝结着全体人民共同的价值追求,其功能的发挥和现代家风家教的功能有共通性,两者都以中华优秀传统文化为源头活水。在本质上,两者血脉相连,都强调德育,注重维系家庭安宁、社会安定、国家安康。

社会主义核心价值观下现代家风家教培育的主要内容以社会主义核心价值观为主线,将"爱国""敬业""诚信""友善"的理念、要求与现代家风家教的内容相融合。尽管每个家庭的家风家教家训有所不同,但究其根本,都和社会主义核心价值观相协调一致。现代家风家教培育的主要内容着重从爱国爱党爱社会主义的家风、尽职守责的敬业家风、言行合一的诚信家风、谦逊和睦的友善家风、全心全意为人民服务的红色家风来体现。

1.爱国爱党爱社会主义的家风

新时代的爱国主义必须坚持爱国爱党爱社会主义。爱国奉献具有浓烈的中国色彩,社会主义核心价值观下的家国情怀应当成为现代家风家教培育的首要内容。

在中国,基于家国同构的理念,国成为家的延伸,国盛则家兴,国治则家平;从家风家训家教中的孝亲、忠以拓展至忧国忧民、精忠爱国、报效国家的民族大义和爱国气节。例如,河南杨氏家训中的"忠:上而事君,下而交友,此心不亏,终能长久;孝:敬父如天,敬母如地,汝之子孙,亦复如是"②,吴越钱氏的"利在一身勿谋也,利在天下必谋之",范仲淹的"以天下为己任",陆游的"忠贞爱国,忧国忧民",于谦的"石灰风骨,煤炭精神",等等。

---

① 中共中央党史和文献研究院.习近平关于注重家庭家教家风建设论述摘编[M].北京:中央文献出版社,2021:5.
② 杨巴金.杨万里家族纪略[M].南昌:江西人民出版社,2017:5.

随着时代的进步与发展，爱国的表现形式也呈现出多样化的特点，不分贡献的大小、职业的高低，要做好本职工作，不做背叛祖国、损害国家和社会利益的事情，爱国爱党爱社会主义，做一个对社会有用的人。社会主义核心价值观下培育的现代家风家教，需要崇德尚义，强调爱国奉献，把爱国爱党爱社会主义的意识和家风家教深度结合，培养忠孝两全的好公民，培养家庭成员的国家责任、大局意识，与社会主义核心价值观中"爱国"的要求更好地衔接，把个人理想信念和祖国的前途、民族的命运紧密结合，以实际行动扎根人民、奉献国家，践行爱国主义。

2. 尽职守责的敬业家风

社会主义核心价值观下的现代家风家教也应涵盖尽职守责，这和"敬业"的要求相呼应。敬业精神内涵如大禹的"公而忘私，吃苦耐劳"、金华沈氏的"率勤俭，禁游惰"、胡则的"实干兴业，勤政为民"、龙门孙氏的"勤乃齐家根本，惰是丧败萌由"、张履祥的"爱敬勤俭，耕读相兼"等。

职业不分高低贵贱，无论从事何种工作、在何岗位，都应以劳模精神为表率，弘扬工匠精神，精益求精，尽职尽责，热爱工作岗位、对工作负责、遵从自己所从事职业的道德操守。例如，为人师者，传道授业解惑，立德树人；从医者，救死扶伤、兼济仁爱；从政者，为官清廉，为国为民；言商者，诚信为本……社会主义核心价值观下培育的现代家风家教应当包含尽职守责的敬业家风，强化职业的社会责任感，在平凡的岗位上坚守住不平凡，以实际行动践行社会主义核心价值观，实现自身价值。

3. 言行合一的诚信家风

中华美德历来颂扬诚信，强调言行合一，诚信守诺也应是社会主义核心价值观下现代家风家教不可或缺的内容。我国向来重信守诺，把诚信看作立身之本、处世之基。在浙江名人家风家训中，诚实守信的优秀传统也同样得以彰显。受经济利益的驱使和外来价值观念的冲击，社会中出现了一些不同程度的失信行为，这些问题使民众出现信任危机，甚至威胁到人民的生命安全、社会的稳定和国家的利益。诚信缺失的问题亟待解决，把诚实守信、言行合一纳入社会主义核心价值观下现代家风家教培育的内容,不失为一种有效的应对方式。各个家庭应把诚信的根基筑牢在每位家庭成员的心中,使之内化于心、外化于行,着力培养塑造重信守诺的人,弘扬新时代的诚信家风,以诚信之家带动社会诚信之风气,使经济利益冲突下的诚信问题得到解决。

4. 谦逊和睦的友善家风

谦逊礼让、和睦友善的优良美德同样是社会主义核心价值观下现代家风家教培育的重要内容之一。对于谦逊礼让、和睦友善的传承,一方面是在延续先贤的仁善之举,另一方面和社会主义核心价值观中"友善"的观念相应和,为"推动中华优秀传统文化创造性转化"提供基本的范式。南宋时期的袁采在《袁氏世范》中强调和家睦人、义利并举,从父子、兄弟、夫妻三方面关系阐述了睦亲之道,从家庭生活、与人相处、邻里关系等方面阐述了以和为贵的重要性——利己、利家、利人。《了凡四训》是袁了凡所作的家训,他提出改过迁善,德福双修,教导他的儿子明辨善恶的标准、改过迁善的方法,以及行善、积德、谦虚等种种的效验。这对于现代家风家教培育中的和睦友善有很深的参考价值。

马克思说:"人的本质不是单个人所固有的抽象物,在其现实性上,它是一切社会关系的总和。"[①]这种社会属性决定了人不是独立存在的,而是会与他人和社会产生各种各样的关联。人在社会中的交往活动会从侧面反映出其家风家教,因此人在与他人的交往中应秉持谦逊礼让、睦邻友善的原则。但现实生活中出现的一些现象,也促使人们去反思如何更好地营造和睦的人际关系,增强社会凝聚力,让友善的种子在家庭教育中生根发芽,把谦逊和睦的风吹向各地,做到与人为善、谦逊有礼。

5. 全心全意为人民服务的红色家风

红色家风依托革命家庭而形成,因而也可称为革命家风,它是指为中华

---

① 中共中央马克思恩格斯列宁斯大林著作编译局. 马克思恩格斯选集(第一卷)[M]. 北京:人民出版社,2012:135.

人民共和国成立和社会主义建设事业作出贡献的革命前辈教育家人的理念和方法。[①] 具有特定范畴的红色家风，涵盖了革命年代的家庭教育思想、生活习惯、道德品行等精神，为培育青少年价值观念、理想信念提供精神指引，为革命事业的发展和家庭文明进步提供不竭动力，这既是优良精神风貌的展现，也是提升道德素养的温床，更是行为品格的源泉。[②] 在革命年代，老一辈革命家用热血、生命谱写出众多值得称颂的红色家风家教，他们为了革命理想，为了共产主义的理想，舍小家为大家、全心全意为人民服务，始终践行着革命理想高于天的崇高信念。例如，祖籍河南的邓颖超身上不仅展现出传统美德的光辉，还表现出作为一名共产党员的高尚品行。她用一生践行严于律己、淡泊名利的家风家训，始终为人民服务，即使身处高位，也未放松过对自己的要求。她始终以党员的身份约束自己，强调要端正党风、严格作风，为广大党员干部教育子女、对待亲朋起到示范引领作用。邓颖超传承的家风家训简洁朴素，是红色家风的真实写照，也是值得传承颂扬的典范丰碑。

社会主义核心价值观下现代家风家教的内容包括但不限于以上所讲的几个方面，还应涵盖尊老爱幼、勤俭节约、平等自由、公正法治等内容。社会主义核心价值观下现代家风家教的内容，一部分传承了传统家风以及革命精神中的精华，对其进行创造性的转化，使其更加符合新时代的价值观念；另一部分紧跟时代精神，吸纳世界文明的有益成果，对其进行创新性发展，使其更加契合人类社会发展进步的价值理念。

二、信息化时代家风家教的传承路径

（一）信息化时代家风家教传承的现实境遇

随着信息化时代的变化发展，现阶段家风家教建设面临诸多现实困境，面对新问题，应当总结新情况，拓展新思路，明确现代家风家教传承方向，

[①] 陈苏珍. 以红色家风涵养当代大学生价值观研究 [D]. 福州：福建师范大学, 2020.
[②] 魏继昆. 继承和弘扬红色家风 [N]. 光明日报, 2017-04-26（11）.

找寻行之有效的传承路径。

1. 现代西方思潮的冲击

在当下多种思潮的侵袭之下,青少年的价值观念变化较为明显,引发了很多不良社会现象。现代西方各种思潮的侵袭,一定程度上弱化了家风家教在信息化时代的宣传建设,为现代家风家教建设带来了新难题。[1]

2. 家庭结构变化

城镇化的发展进一步推动社会分工,社会结构变动加剧,家庭结构也随之产生变化。以地缘、血缘为依托的宗族家庭日渐分散,新兴的家庭单元规模小型化,改变了原有的家族式结构,被重新定义的家庭关系不可避免地弱化了家本位作用,使得家风凝聚作用减弱、影响范围缩小,加大了家风家教传承难度。

3. 传承载体与方式变动

家风主要围绕家庭德育展开,多以家谱、家书、宗祠等载体传承,还包括创新的树家规、讲家训等方式方法。缺乏有效的教育方法是目前家庭教育的主要难题之一,也是城乡教育的共性难题。在教育子女时,家长有时会感到焦虑、无策,主要表现为以下方面。其一,城乡间的家风家教水平落差大。其二,过度强调成才教育,把分数、努力学习的程度当作家风家教建设的重要目标。其三,观念的冲突矛盾加重。一部分家长望子成龙、望女成凤,重智轻德教、重知轻能力等问题加剧。

随着网络的迅猛发展,尤其是各种短视频平台的兴起,人们的注意力更容易被分散。纷繁杂乱的信息充斥在网络中,网民被各种各样的信息淹没,加剧了碎片化现象。碎片式的发展为人们在短时间内了解一些事物、现象提供了便利。信息化条件下知识与信息的传播更多是碎片式的,这与家风家教建设系统化、结构化的要求相悖。碎片化的传播方式难以支撑系统性的家风文化,且碎片化的知识易被标签化,容易加剧受众群体对某一知识的错误

---

[1] 嵇威. 新媒体时代优秀传统家风文化传播路径探析 [J]. 汉字文化, 2022(16): 178-180.

认知。

4.传承意识弱化

家风家教的传承过程也是家庭成员对价值观的认同过程。受多元价值理念的渗透侵袭，部分家庭成员对家庭价值理念的认可度很低。家风家教传承建设是一个缓慢的过程，家长有意识地言传身教、以身作则对子女起到影响教育作用。

信息化时代的家风家教建设，一方面应注重"继承"，另一方面应注重"传承"。传承的根基是继承，继承的延续是传承，应将优良家风家教思想、核心价值观念继承下去，强化家长的教育主体地位，增强传承观念，结合信息化时代特点，产生示范引领效果。[1]

（二）信息化时代的家风家教传承路径

信息化时代的迅猛发展为现代家风家教的传承带来了诸多便利，除却以往的言传身教、写家书、立宗祠等方式，还可以探索出更多符合现代社会的传承路径，探索更多符合信息化时代发展的家风家教内容，达到现实传承的目的。

1.整理现代优良家风家教，借助大众媒体传播推广

信息化时代，网络的迅猛发展使得大众媒体成为强有力的宣传工具，且其传播方式多样、传播速度快、大众接受度高、参与便利。可以将传统与新型媒体进行资源整合，采用大众媒体进行推广、互动，推出优秀家风家教有奖征集活动或者系列专访、专栏。例如，央视国际频道播放的《谢谢了，我的家》家庭文化传承节目，宣传中华好家风，受到国内外观众的一致好评；央视纪录片《家风》系列，让优良家风走进千家万户；中央纪委国家监委网站头条推送浙江金东琐园村严氏《子陵公家训》，引起广泛关注。除此之外，微博、微信、各种短视频平台和地方电视台等都可以成为优良家风家教集锦的传播平台，通过大众媒体营造良好的舆论传播氛围。

---

[1] 孙立刚.优良家风建设的当代价值及其路径[D].大连：辽宁师范大学，2019.

2. 创建现代优良家风家教系列活动

可通过创建系列活动，制定措施与活动相呼应，打造现代家风家教传播好环境。例如，通过确定纪念日来提升公众的重视度。2018年5月，首届世界家风大会在北京召开，大会的主题是"从家出发，拥抱世界"。此次会议向全世界宣传习近平总书记提出的"天下一家"理念，旨在传承现代优良家风、维护社会稳定，推动构建人类命运共同体理念的传播。浙江杭州等地推广"邻居节"，体现了和亲睦邻的新型邻里关系。特殊节日营造的互帮互助、宽容和睦的良善氛围，对现代家风家教的传承发挥了积极的促进作用。

2018年12月，家国情怀——家训家规家风第三届浙江书法村（社区）主题书法展在桐庐叶浅予艺术馆开幕。本次书法展活动的主题是"家训家规家风"，通过书法展活动来传承家训、弘扬家风，从字里行间展现千百年传承的优秀家风家教的人文魅力。浙江绍兴上虞区重华小学举行的"开学第一课"即"经典记心中，家风我传承"活动、淳安县举办的"晒晒我的家训"、"诵读好家风好家训"等系列活动，也以新颖的方式传承弘扬现代优良家风家教。

3. 深挖现代家风家教文化资源，塑造典范

以文化资源为载体，采取投票、自荐、采访等多种形式，深度挖掘具有深远影响的家风家教文化，采用优秀家风家教"人、物、事"的一体化叙述，有效地传承、弘扬家风家教文化，塑造典范。

可浙江省温州市永嘉县的苍坡村、大元下村、水云村充分挖掘本土资源，打造独特现代家风家教传承方式。苍坡村选取"家风＋旅游"品牌，以苍坡李氏大宗祠堂为依托建立苍坡家风馆，宗祠内设有名人馆、院士馆、家风玉镌壁画等，通过家风馆详细解读该村耕读传家的族训和历代先贤的家风家训故事。大元下村为390户家庭建立家风档案，通过家风档案记录村民行为，引导村民积极主动践行家规家训，履行村规民约，传播社会优良风气，推动家风更好传承，促进村风更加淳朴向善、民风更加和谐团结。水云村的典范在于一个"和"字，该字由197户家庭共同书写，该村采用对家规的"立""议""展"等形式，全方位阐释孝悌忠信、孝老爱亲等动人故事，对

外传递的更是诸如助人、奉献、诚信、见义勇为的正能量。此外，还可以打造"家风家训"的主题公园，通过主题公园寓教于乐的方式向广大民众，尤其是青少年儿童传播优良家训，弘扬现代好家风，既传承了中华优秀传统文化又塑造了社会主义核心价值观，达到潜移默化的效果。

4.建立全方位、多层次的联动机制

（1）建设"家、校、社"全方位联动机制。家风建设可以跳脱家庭内部伦理和谐为主的思维固态，凝聚家庭、学校、社会三方合力，将家风家教建设与学校德育培养、社会主义核心价值观引领有机统一，形成"家、校、社"全方位联动。父母是孩子的第一任教师，家庭中的言传身教是最便利直接的方式。应在社会主义核心价值观的主导下转变家风家教思想，形成多样式、科学化的教育理念，推进现代家风家教建设，塑造良好家庭环境。学校是接受系统教育的地方，学校教育助力家风家教建设，更有利于巩固家庭教育的成果。例如，学校通过举办优秀家风家教家训主题班会、组织学生参观家风文化馆、开展经典阅读课等，完善家庭教育的内容，提升学校对家风建设的影响力。良好的社会条件是建设现代家风家教的客观要求，应发挥社会主体的积极作用，通过政府引导、公益团体参与、全媒体宣传，从线下到线上，多主体、多形式、多角度开展家风家教活动，打造与现代家风家教建设相匹配的社会环境。

（2）建立"两社一单"多层次联动机制。现代家风家教建设应和社区、社会、单位多层次联动，通过制度的确立、措施的落实，打造舒适的生活和工作环境，培养高尚的道德情操。首先，家风、党风、政风密切相关联。单位尤其是党政机关人才的选拔、任用，除了能力的考核，还应注重对个人品德、家风教养的考察，家风家教也可作为评优评先的参考依据。另外，对于社区、社会、单位推选出的道德楷模，应给予物质和精神上的双重激励，更好地带动其他成员学习与效仿。通过多层次联动，为现代家风家教建设与传承创造更好的社会环境。

5. 深刻诠释新时代红色家风核心价值

红色家风是特定时代的缩影，是中国共产党人的核心价值观念的集结点。红色家风家教故事是革命精神的良好写照，与现代化的家风家教在本质属性上是一致的，都是传承现代家风家教的精神宝库。红色家风家教故事的传承载体形式多样、种类丰富，以多彩的方式向公众更好地诠释红色家风的核心价值。

红色家风家教的资源挖掘不能局限于革命领导人物的家风家教，平凡的革命者的家庭教育也需要进行传承，因为平凡的人物背后不平凡的坚守更能彰显时代精神风貌。可以在革命老区、红色景点开设红色家风家教宣传专栏，采用线上线下相结合的方式邀请专家进行红色家风家教理论宣讲，学校、社区进行党建联建，结合思政教育、党史学习教育开展相关活动，生动深刻地诠释新时代红色家风家教的核心价值。例如，浙江嘉兴是红船启航地，2021年曾举办"颂党恩 传家风"红色家风家教故事宣讲活动，这次活动安排了革命前辈杨巧云、烈士家属代表袁瑛、红船守护者张一也三位宣讲人讲授红色家风家教故事，呼吁每个家庭重视红色教育，护好红色根脉，传承红色家风家教。除此之外，嘉兴还组建了"红船女儿"宣讲团，开展"红色穿越 亲子同行""妈妈带我读经典"亲子诵读活动，以亲子互动的方式展示广大家庭听党话、颂党恩、跟党走的鲜活实践，促进党史宣讲进入千家万户，让更多的家庭从红色革命精神中汲取营养。

同时，应发挥党员干部的先锋模范作用，强化示范引领。习近平总书记曾言："各级领导干部要带头抓好家风。"[1]《中国共产党章程》中也明文规定："贯彻执行党的基本路线和各项方针、政策，带头参加改革开放和社会主义现代化建设，带动群众为经济发展和社会进步艰苦奋斗，在生产、工作、学习和社会生活中起先锋模范作用。"[2] 家风建设是社会主义现代化建设不可或缺的一部分，党员干部更要以身作则、身先示范，发挥模范作用。具体来说，党员干部应能更好地结合社会主义核心价值观指引家风家教建设，通过

---

[1] 习近平.习近平谈治国理政（第二卷）[M].北京：外文出版社，2017：356.
[2] 中国共产党章程[M].北京：人民出版社，2022：14.

自身言行示范，为家人作表率，以耳濡目染的方式确立优良家风家教。党员干部的家风家教建设还影响到党风廉政建设，全体党员、干部及其亲属都应严格要求自己，学习、弘扬红色家风家教。首先，修身律己，增强党性修养。打铁还须自身硬，只有自身品行过硬，才能帮助家人进步，营造好的家风氛围。其次，明确底线思维、规则意识，道德底线不可逾越，法律底线不得触碰，以法为底、以德为戒，为家人树立榜样。最后，严格家风家教，厉行艰苦奋斗、勤俭之道。艰苦奋斗、勤俭节约素来是我国的传统美德，更是中国共产党人的传家宝。应以焦裕禄"带头艰苦"的家训为榜样，以谷文昌"清白持家"的家风为模范，在全体党员干部的家庭中共同建设清正廉洁的家风高墙。①

信息化时代的家风家教传承需要政府的引领与支持，需要社会的助推与共建，需要学校发挥育人阵地作用，需要家庭注重实践养成并发挥主体作用，各方多管齐下，采用民众喜闻乐见的方法形式，才能释放现代家风家教的独特魅力。

三、现代家庭结构的类型及特点

（一）现代家庭结构的类型

家庭结构是指特定社会中家庭内部成员的代际与亲缘关系的组合状况。② 在家庭中，婚姻关系、收养关系、血缘关系是最为直接、深刻的人际关系，包含社会活动中的社会因素、生物因素和心理因素三种。在家庭中，成员之间相互影响，既包括情感、伦理、利益等社会道德层面的联系，也包括法律上赋予的权利义务关系，是维系社会安稳的基础。社会制度的变化也会影响到家庭，如当社会经济、政治、文化发生变化或转型时，家庭结构及其功能也会相应地发生改变。

---

① 李文珂. 新时代我国家风建设存在的问题及对策 [D]. 沈阳：沈阳师范大学，2019.
② 胡雪城. 家庭家教家风概论 [M]. 武汉：湖北人民出版社，2020：38.

1.核心家庭

本书所说的核心家庭是指由一对夫妻及其未婚子女组成的家庭。这个家庭类型内部只有一个权力和活动中心,以夫妻关系为首要地位是其重要特征。目前的核心家庭大多是一对夫妻与一两个未婚子女生活。[①] 自从计划生育政策落实以后,由独生子女与其父母组成的核心家庭成为城市家庭的主要类型。直至二孩、三孩政策的放开,照顾与抚养孩子的成本加大,固隔代抚养导致核心家庭呈现纵向扩展趋势。

2.扩大家庭

核心家庭的家庭成员关系纵向或横向扩大就形成了扩大家庭,即由两对或两对以上夫妇及其未婚子女组成的家庭。纵向扩大的家庭称为主干家庭,横向扩大的家庭称为联合家庭。[②]

主干家庭又叫直系家庭,分为二代直系家庭和三代及三代以上直系家庭,其中二代直系家庭主要指由父母和一对已婚子女组成的家庭,直系家庭中间无断代,且每代至多由一对夫妻组成。[③] 在家庭中,基于夫妻双方的工作原因而依赖一方父母照顾孩子,是典型的主干家庭。此类模式所占比重较高,随之而来的家庭冲突如隔代教育、亲子关系等,使得家庭成员之间的关系复杂多变。

联合家庭又叫复合家庭,指由两对或两对以上同代夫妇及其未婚子女组成的家庭,这是核心家庭同代、横向扩大的结果。[④] 联合家庭最为直观的感受就是"儿孙满堂"。

3.断代家庭

只有一代未婚青少年或一代未婚青少年与祖父母或外祖父母组成的家庭

---

① 胡雪城. 家庭家教家风概论 [M]. 武汉:湖北人民出版社,2020:39.

② 胡雪城. 家庭家教家风概论 [M]. 武汉:湖北人民出版社,2020:39.

③ 刘芳. 中国家庭结构变迁及发展趋势研究:基于家庭微观仿真模型 [D]. 北京:中国社会科学院大学,2022.

④ 胡雪城. 家庭家教家风概论 [M]. 武汉:湖北人民出版社,2020:40.

称为断代家庭,这种家庭在中国现实中存在的数量不多。[①]农村中出现的留守家庭,因为农村中大量年轻夫妻选择进城务工,留其未成年子女跟随爷爷奶奶或外公外婆一起生活,也可以作为断代家庭。

我国现存的家庭结构模式主要是以上三种,但是随着经济体制改革的不断扩展与深化,受生育政策、人口流动、城镇化和思想观念的影响,家庭结构的模式也呈现多元化趋势。随着深化改革,社会保障制度愈加完善,家庭中的教育、赡养功能逐渐转移到社会中,代际差异拉大,社会流动增强,生活观念的多元冲突,已婚子女多选择和父母分开生活,使得核心家庭更为普遍。

(二) 现代家庭结构的特点

1. 规模小型化

受现代家庭观念及经济结构的变化影响,子女在思想上更倾向于追求生活的独立、自由,因而会想要摆脱大家庭家长的依附关系,降低家庭成员之间的摩擦和冲突,促使家庭结构更多朝着夫妻制小家庭转变。我国家庭规模小型化还表现为逐年上升的一人户、二人户家庭比例,家庭户规模逐年下降。[②]

2. 结构核心化

家庭结构的核心化主要有三点体现:其一是基于现代家庭观念的转变,经济结构、思想方式的变化等诸多原因,夫妻制核心家庭数量明显上升;其二是随着城镇化进程的不断推进,很多农村夫妻离开家乡务工,致使直系家庭依旧保持着稳定的状态,而代际直系家庭却呈现增长趋势;其三是"四二一"式家庭组合成为常见模式,所谓"四二一"结构,是指由夫妻双方各自父母组成的两个空巢家庭和由夫妻及自己未婚子女组成的一个核心家庭的家庭结构。严格意义上讲,"四二一"结构具有家庭和代际关系,不属于传统认知里的家庭范畴,代际关系是其最突出的关系,而非传统吃住一

---

① 胡雪城. 家庭家教家风概论[M]. 武汉:湖北人民出版社,2020:40.
② 童辉杰,宋丹. 我国家庭结构的特点与发展趋势分析[J]. 深圳大学学报(人文社会科学版),2016,33(4):118-123.

起的家庭生活氛围。"四二一"结构的构成要素是祖辈、父辈和子辈三代人，其指在广义的家庭形式下三代共存的现象，独生子女在"四二一"结构中具有举足轻重的地位，独生子女使此结构大量出现、形成并发展。① "四二一"结构的增多，不仅会加剧养老问题，还会伴随新的家庭和社会矛盾、冲突，必须多加关注。

3. 功能社会化

社会形态约束家庭功能，时代背景的不同与变化，对家庭生活和社会发展的影响也不尽相同。家庭功能分类较多，如教育、情感维系、生育、抚养、赡养、休闲娱乐等。在传统社会背景下，家庭承担着养老、医疗、教育等所有的支出和风险，只有庞大雄厚的家族才具备足够能力担负起家庭的大部分功能。随着经济的迅猛发展、社会的发展变化，家庭规模逐渐呈小型化趋势发展。家庭的一些功能被淡化、分化，如教育功能在家庭里有所减弱，更多地倾向于学校和社会组织；生育功能也逐渐弱化；托儿所等机构分流了家庭的部分抚养功能；赡养功能的社会化较为显著，基于国家大力扶持养老，一些组织机构推行乐享养老服务举措，大幅分流了家庭的养老功能；娱乐产业的形式多样、耳目一新，更是将家庭娱乐的大部分内容承担过去，既让家庭成员的生活多姿多彩，也能寓教于乐，让家庭生活更加充满乐趣、富有活力。②

四、家风家教现代性的价值意蕴

一般情况下，人们认为现代性是充满科学性、富含理性、先进的。社会的和谐安定需要法律制度的保障，更需要道德的内在约束。道德的内在约束关键还在于公民个人内在德性的养成，而家风家教的现代性对于国家、社会、家庭、公民个人的良好运行和健康发展发挥着不可忽视的理论价值和实践价值。

---

① 宋健. "四二一"结构：形成及其发展趋势 [J]. 中国人口科学，2000（2）：41-45.
② 刘馨泽. 家庭结构变迁下新时代家风建设研究 [D]. 桂林：桂林电子科技大学，2022.

（一）现代家风家教的理论价值

1. 创新性地丰富发展了马克思主义家庭观

我国的家风文化由来已久，与西方倡导的家庭教育理念天差地别。马克思主义中有关婚姻家庭的理论，更大的作用在于提供一般性的方法论指导，不能直接应用于某个国家某个时期关于家庭、社会的建设。现代家风家教立足我国实际，以马克思主义理论为指引，围绕党风廉政建设、家国一体发展、社会主义核心价值观构建现代家风家教建设内涵。现代家风家教建设的理论和思想紧跟时代发展步伐，也独创性地丰富和发展了马克思主义家庭观。

2. 完善党风廉政建设理论

党风政风的清廉离不开优良家风家教的涵养。习近平总书记强调："领导干部的家风，不仅关系自己的家庭，而且关系党风政风。"[1] 党风政风关乎国家前途、民族命运和人民的利益。党员干部廉洁自律、修身律己是政德建设的体现，而政德建设离不开优良家风家教。作为党员干部，优良家风家教可以提升个人品德，强化政治素养，优化作风建设，自觉抵制外来诱惑，守住底线意识。党员干部既要严格约束自己，也应注重对家庭成员的德性教育。加强党员干部的家风家教建设是反腐倡廉、加强作风建设的重要一环，应形成以家风促作风、以作风执党风、以党风带政风的联动机制，进一步完善党风廉政建设理论。

3. 为坚定文化自信提供理论资源

"坚定文化自信，是事关国运兴衰、事关文化安全、事关民族精神独立性的大问题。"[2] 文化是一个民族发展进步的根基所在，社会主义先进文化以五千年的华夏文明为源头活水，在中国特色社会主义实践中得到凝练。新时代的家风家教以其新理念、新内涵成为社会主义先进文化的重要组成部分，

---

[1] 习近平. 习近平谈治国理政（第二卷）[M]. 北京：外文出版社，2017：356.
[2] 习近平. 习近平谈治国理政（第二卷）[M]. 北京：外文出版社，2017：349.

凝聚了中国特色，传承了中国风格和民族精神的基因，具有明显的价值导向，成为一种文化符号、精神涵养，充实了中华文化宝库。弘扬和践行现代家风家教，有助于当代先进文化的发展，丰富人们的精神生活，增强人民群众对民族和文化的归属感、认同感、尊严感与荣誉感。中华文化发展至今，我们有理由更有实力坚定文化自信，提升文化软实力，建设社会主义文化强国，让中国文化更好地走向世界，彰显中华文化的无尽魅力。

（二）现代家风家教的实践价值

1. 塑造淳朴民风、优良社风，助力社会主义和谐社会建设

第一，净化社会风气，促进社会和谐稳定。"家风是社会风气的重要组成部分。"[1] 家庭是社会发展的细胞，家风影响着民风与社风的形成，民风、社风的建设依赖家风的发展。[2] 家风家教对于民风、社风的优化发挥着重要作用与价值。家风作为民风、社风的源头，支撑着民风、社风的发展，家风正，则民风淳、社风清，家风正才能为社会主义和谐社会的建设打下坚实的地基。应弘扬现代家风家教，为民风、社风倾注新能源，为和谐社会倾注新动力，以其无形之力，引领社会新风潮，汇聚高尚民风，凝聚和睦社风，助力社会主义和谐社会不断前行。

第二，创新社会主义核心价值观宣传路径。现代家风家教为社会主义核心价值观的落地提供了运行载体，搭建了实施平台，成为联结全体成员与社会主义核心价值观的有力桥梁。作为新时代的主流价值引领，将社会主义核心价值观理念融入现代家风家教进行传承，实施双向互动，可因两者内容上的高度契合性，使家庭教育具有更强的可操作性。在传播过程中，家风教育直接作用于家庭成员，进而影响至国家、社会。此外，其传导路径和社会主义核心价值观的期望效果同样高度契合，因而现代家风家教不仅起到了教导全员的作用，还拓宽了社会主义核心价值观的宣传渠道，创新了宣传路径。

---

[1] 习近平. 习近平谈治国理政（第二卷）[M]. 北京：外文出版社，2017：355.
[2] 怀雪玲. 家风的当代价值及其实现路径研究 [D]. 石家庄：河北师范大学，2019.

2. 引领家庭发展方向，助力现代家庭建设

第一，增强家庭凝聚力，打造家庭向心力。优良家风家教是对家庭价值观念的认同，增强家的归属感能有效凝聚家的力量，强化家的凝聚力和向心力，确保家和心安，为建设现代家庭发挥重要作用。家和既包括家庭成员间的夫妻、亲子、兄弟等内部关系和谐，也包括对外的邻里、朋友等关系和谐，家庭内外之间的关系将影响现代家庭的建设。若夫妻和睦、兄友弟恭、各成员间相亲相敬，则能够有效减少家庭矛盾，增强向心力、凝聚力，完善现代家庭的整体构建。

第二，强化家庭观念，营造和谐氛围。家庭观念淡漠的原因在于人员流动带来的聚少离多、家族意识日渐式微等。现代家风家教强化了家庭教育功能，以家风为枢纽有效凝聚家庭成员的意识观念，倡导互帮互助，稳固家庭风气，秉承向善风尚，营造和谐氛围，强化责任担当，注重对家庭成员的道德品行教化，打造健康向上的家文化，让家庭更加和睦幸福，建设现代文明家庭。

3. 涵养个体品格，助力人的全面自由发展

第一，以思想引领，提升道德素养。家风作为一种家文化，是为家庭成员树立的行为典范和要求，是最为宝贵的精神财富。家风除了维系、整合家庭成员关系，还会对家庭成员的德行养成起到至关重要的作用，是德行教育的起点和根基。这种教育起到以文化人的作用，内容丰富，形式多样，其带来的影响力深刻且持久，有助于提升个体的道德素养，增强责任意识，提高思想觉悟水平。

第二，以行为规范，培育时代新人。道德行为的规范离不开家庭教育。家风家教作为家庭教育的重中之重，以无形之态提升个体德行素养，规范个体言行举止，使其合乎道德理性，合乎法律规范。当前教育的重要内容就是为国育人，这关系到国家发展的前途命运。培养人才会涉及成绩、生活习性、文化氛围等，不仅是养智，还在于养德。培育时代新人，自然少不了家风家教潜移默化的影响。每个人都会在现实生活中通过一些事物折射出其家庭教养。新时代为国育人，应充分发挥现代家风家教的作用，为国家培养有

理想、有道德、有本领、有担当的时代新人。

4.助力实现中华民族伟大复兴的中国梦

国家之间具有千丝万缕的关联，把千万个小家建设好，才能把大的国家建设得更强，实现国富民强、民族复兴。随着新时代的发展，各种机遇与挑战并存，若不良风气滋长与蔓延，则将扰乱社会安稳，丧失发展良机，阻碍梦想的实现。现代家风家教建设立足家庭起点，培育可堪大任的时代新人，将主流思想观念教育结合现代家风家教，维护家庭和谐，以家庭美德建设滋养社会公德建设，推动形成全社会新的道德风尚，让新的时代风貌深入每个家庭、深入基层建设、深入全社会。[1] 现代家风家教建设以小见大，从家庭建设彰显社会发展、国家进步的助推力。实现中华民族伟大复兴的中国梦，离不开国家的发展强大，离不开社会的和谐稳定，也离不开每一个家庭的努力。在现代家风家教的教育培养下，公民的社会责任感、历史使命感更加厚重强烈，实现中国梦的信心空前坚定。相信在全体公民的共同努力下，定能早日实现中华民族伟大复兴的中国梦这一宏伟愿景。

---

[1] 王尚斌.新时代家风建设的时代价值探究[J].今古文创，2022（13）：114-116.

第五章 地域文化影响下家风家教传统性与现代性耦合的行为机理

家国，国家，家是家庭的"家"，也是国家的"家"。家庭作为构成国家发展的最小组成单元，在物质文明和精神文明的传承上承担了诸多功能。在中华5000多年文明发展过程中，家风家教在传统与现代的时代更替中，在封建传统思想与社会主义核心价值观的逻辑耦合中，其精神内核、时代意蕴、传承方式等都发生了重大变化。过去，家风是一个大家族的传承根本；现在，家风是一个小家庭的立足之要，和谐、美满、幸福的家庭是社会和谐发展的关键。家风连着民风，接着社风，更牵着国风，承前启后，继往开来，千千万万个家庭就是国家发展、民族进步、社会团结的重要基点。而在现代家风家教的建设过程中，我们不仅要坚持传承传统家风家教中具有恒久普适价值的东西，还要能够对其进行吸收、转化与创新，使其反映时代精神，符合时代价值。

一、传统性与现代性之家风家教耦合机理的内涵解读

（一）关于"耦合"的内涵解释

从词源结构上来看，"耦"字由"耒"和"禺"组成，"耒"指的是古代农耕用的一种翻土工具，形如木叉，上有曲柄，下面是犁头，用以松土，可以看作犁的前身；"禺"（yù）在《说文解字》中释义为一种猴，"禺，母猴属，头似鬼，似猕猴而大，赤目长尾，亦曰沐猴"；"禺"（ǒu）又同"偶"，

指偶像、夫妻、两个、一对等。因此,"耦"的古义指的是两个人一起耕地,如耦耕、耦犁。由此可以看出,"耦合"一词指的是两套系统体系之间发生作用、产生影响,甚至是一方的发展牵制着另一方的发展。同时,在词源释义上,它也是从古代农业领域借用到其他领域的研究术语。在现代学术领域中,原先将"耦合"定义为物理学名词,指在电路运作过程中,当两个或两个以上的电路构成一个网络时,若其中某一电路中的电流或电压发生变化,其他电路也发生类似的变化,则这种网络叫作耦合电路。而耦合的作用就是把两个或两个以上的体系或两种运动形式,通过各种相互作用而彼此影响,甚至联合起来的现象。随后生物学、生态学、经济学等学科也渐渐开始运用耦合,社会学中将耦合定义为两个或两个以上的系统通过紧密配合使系统之间相互依赖,并达到交互影响的现象。

本书中的耦合指的是在借鉴、学习和吸收优秀传统家风家教理念的基础上,通过某一关系介质继承、发扬优秀传统家风家教,在此过程中构建起现代家风家教体系,形成新时代优秀家风家教理念与思想,从而实现家风家教传统性与现代性的互动发展机制,相互协同,共同促进优秀家风家教在现代社会的传承和发展,形成具有社会主义特色的现代家风家教。

(二)关于"行为机理"的内涵解释

机理是指事物变化的原因与道理,从机理概念分析,机理包括形成要素和形成要素之间的关系两个方面。其原理是指为实现某一特定功能,一定的系统结构要素的内在工作方式以及诸要素在一定环境条件下相互联系、相互作用的运行规则和原理。机理只是一种理念,由相关数据及事实构成,作为机制组成的一部分。如果强调系统内部要素的运行原理,以及要素之间的结构、行为及关系,突出的是理论层面的解释,那么使用"机理";如果强调系统要素对其他要素或者系统整体的影响,突出的是限制和规则,那么使用"机制"。

关于对"行为机理"的解释,首先来看"行为"的释义。行为是指人们一切有目的的活动,它是由一系列简单的动作构成,是日常生活中所表现出来的一切动作的统称。影响人类行为的因素概括起来有两个方面——外在因素和内在因素。外在因素主要指客观存在的社会环境和自然环境因素，内在因素主要指人的各种心理因素和生理因素，如认识、情感、需要、动机、信念、价值观等。人类行为的发生过程是以内外环境的刺激与机体反应之间的关系为基础的，刺激人类行为产生的最重要的刺激源是与人的客观需求相联系的因素。例如，优秀的传统家风家教满足社会对优秀文化的传承与发扬而构成强烈的刺激，后者促使人们认识到继承和发展优秀家风家教的重要价值，从而使人们有了将传统家风家教一代一代传承，延续到现代社会，构建现代家风家教体系的设想和行为反应。因此，可以说刺激、人、反应三者之间相互联系、相互作用，形成了人类丰富多彩的行为。

因此，家风家教传统性与现代性耦合的行为机理，即优秀家风家教的传承与发展是基于人们的普遍认识而表现出来的一种社会活动。家风家教的传承与发展包含个人因素、社会因素、环境因素、价值信念等，对这些因素所包含的信息进行解码、加工、处理的方式和过程即推动现代家风家教体系认知发展的过程。家风家教的行为机理是指对传承传统优秀家风家教与发展现代家风家教的主体的家风家教传承及发展行为和如何传承、发展家风家教及家风家教传承与发展结果之间的逻辑关系，传承的行为是因，发展的现实是果，而社会大众在传承与发展之间起到调和作用，这种因果关系和作用路径就是家风家教传统性和现代性耦合的行为机理。

二、家风家教传统性与现代性耦合的行为机理

家风家教在继承传统与现代发展的看似两个不同的环节上，其实有着千丝万缕的联系。下面主要从时代的更替、家庭形式与个人观念的演变、家风家教传统与现代的契合点三个方面阐述家风家教传统性与现代性耦合的行为机理。

社会关系与社会风貌对家风家教也有着直接的影响与制约，社会文化的侧重点不同，社会各阶层所拥有的权力不同，都会影响社会的方方面面，从而形成一个个风格鲜明的文化风气。家风家教也在社会文化的不断改变中，

从传统走向现代。家庭是家风家教的主要载体，个人是家风家教的直接表现单位，从这两个角度深入研究，既能更直观地感受到家风家教从传统走向现代的脉络，也能更好地探究其行为机理。

（一）时代的更替促使家风家教传统性与现代性的耦合

时代的更替和家风家教的传承可以从1978年前和1978年后两个时期来阐述。

1.1978年前时代的更替和家风家教的传承

中华民族的变迁与发展是整个民族家风家教变化的根源，是传统家风家教能走向现代的原因，因此要找寻传统家风家教与现代家风家教耦合的行为机理，可以从整个民族的时代变化和时代更替入手。时代对家风家教的变迁至关重要，每个时代都有其特殊性与局限性，都为家风家教从传统到现代奠定了基础。不同的时代对家庭的影响根深蒂固，但是中国历史上每个时期的家风家教都有一些共通点与底层逻辑的契合点，这就是家风家教传统性与现代性耦合的行为机理之一。

中国不同时代的家风家教都在由传统走向现代，从古至今可分为封建社会前、封建社会、新文化运动到中华人民共和国成立、中华人民共和国成立到1978年、1978年至今几个阶段，变迁着的社会主要以国家的更迭为外在表现，展现了不同时期家风家教的形态、形式，在时代变迁的过程中继承与发展，相互融合、相互影响。中国的家教最早可追溯到先秦时期，家风孕育于家庭和家教之中，能够反作用于家教和家庭，并在一定程度上促进或阻碍家庭和家教的发展。中华民族是礼仪之邦，历来重视家风家教建设，为我们留下了宝贵的家风家教传统。首先，在传统的家风家教中，团结和睦是家庭兴旺发达的重要条件，是家庭幸福美满的基础，是教育子女的良方。其次，强调保持勤俭家风，认为勤劳是事业成功的保证。勤劳不仅能兴家、兴国，还能养身、养德。再次，崇尚务实，要求人们做到名实相符，使自己的名誉、声望同自己的实际才能、贡献、功劳相一致。提倡重实轻名，力戒贪图虚名，更不可欺世盗名。还要求人们少说空话、大话，多办实事，求实效，立实功。最后，一个人要想在这世上立足，为社会做贡献，并得到世人的承认和尊重，必须自强自立。① 根据释义，家风是一家或一族世代相传的道德准则和处世方法。具体而言，家风就是指一个家族或家庭成员在长期的共同生活中产生并传续下去的生活方式、生活作风、价值偏好和文化观念。在一定意义上，家风本质上就是一种家庭文化，其核心就是价值观。家风家教的传承其实就是其传统性与现代性耦合的基础，中华文明5000多年，孕育了数不胜数的优秀家教思想和家风观念，其中的精华代代相传而得以留存。直到今天，许多内容依然具有超越时空的永恒价值。继承、弘扬传统家教和家风文化中的合理内核，并将它们融入新时代的家庭教育和家风建设，可以充实和提升今天的教育理念和教育方法，促进家风培育和传播。

随着朝代的不断更替，特别是到了近代之后，中华民族的政权组织不断更新，中华民族的传统家风家教与传统社会的经济、政治、文化等水乳交融、协调统一，构筑了现代化家教与家风，构筑了中国传统社会的道德基础，成就了其在中国历史上的辉煌。

19世纪后半叶开始，西方经济文化传播到中国，而在此时，清王朝却逐渐没落，我国传统经济结构及社会结构逐渐瓦解，传统的家风家教整体衰落，但随着中华人民共和国的成立，以工业文明与优秀传统文化、马克思主义、西方教育学为基础，广大民众冲破封建思想的束缚，新的思想开始出现并逐渐在原有的家风家教基础上衍生出新的观念，传统家风家教随之发生改变。

20世纪初期，随着新文化运动的开启，有别于传统家风的新时期家风开始出现。新文化运动是我国思想领域的一次大变革，由一群受过西方教育的学者发起，传统的守旧思想受到攻击，中国家风家教建立的基础较过去有所改变，从过去的以儒家文化为核心、以中国古代待人接物之道为基本，变为了以中西思想融合为特色，特别是潮涌而来的国外各类思潮，为新时期家风的形成创造了条件。以中国共产党老一辈无产阶级革命家和各个时代的优秀

---

① 宋希仁. 家风家教[M]. 北京：中国方正出版社，2004：1.

共产党人为代表的现代红色家风家教,凸显了其对中国发展建设的影响。现代红色家风家教与传统家风家教有共同点,它是老一辈无产阶级革命者和各个时期的优秀共产党人,在长久革命实践过程中形成的优良家风家教,包括崇高信仰、道德风尚、廉洁自律等方面的精神风貌和政治品格。老一辈革命家有着公正为民的精神境界、自力更生及勤俭节约的良好品德、忠诚担当的行为准则。所以,红色家风家教整体呈现出的是爱党爱国、忠于理想的家国情怀。[①]例如,"吃苦、求知、进步、向上"是毛泽东的家训;"忠诚担当、清廉刚正、以身作则"是刘少奇的家训;"遇事知足,人就能处之安泰;少要求,品德便会更加高尚"是周恩来的家训。这些红色家风家教既蕴含深刻的处世之道,又蕴含正气和清廉之风。

2. 1978 年后时代的更替和家风家教的传承

1978 年后,中国家风家教在新的时代历史环境之下逐渐走向复兴和再度繁荣。与传统家风弘扬大家族的礼仪规范,以稳定家族秩序的目的不同,此时的"家风"一词代表的更多是人们封闭已久的亲情。[②]这是因为党的十八大召开后,当代中国社会日益重视传统与现代的耦合,重视传统家庭、家教、家风,重提家风、重拾家风、重建家风,家风家教的传承出现了以下特点。

首先,党和政府重视从传统家风家教中挖掘现代价值。党的十八大以来,以习近平同志为核心的党中央高度重视家风家教建设,指出家庭是社会的基本细胞,要求全社会重视家庭建设,注重家庭、注重家教、注重家风。2016 年 2 月 2 日,习近平总书记在北京会见第一届全国文明家庭代表时,深情阐述了家风建设的重要性。领导干部的家风起着榜样作用,治国和治家相通,家风关乎着国风。新时代下,习近平总书记将家庭建设、家风建设纳入了治国理政的范围。

其次,传统与现代耦合的文化自信。建设中国特色社会主义,需要道路

---

① 汤薇. 当前我国优良家风的建设问题研究 [D]. 南京: 南京财经大学, 2018.
② 汤薇. 当前我国优良家风的建设问题研究 [D]. 南京: 南京财经大学, 2018.

自信、理论自信和制度自信,更需要文化自信,因为"文化自信是更基础、更广泛、更深厚的自信"。根本而言,文化自信源于中华优秀传统文化,而家风文化则是优秀传统文化的重要内容。如果每个家庭都涵养优良的家风,家风这个"源头"变得清澈,那么民风自会淳朴,党风政风自会清新。[①]

最后,社会自发的耦合现象频出。党的十八大以来,经过党和政府的提倡、媒体的宣传、社会的支持,中国家风家教的复兴迎来了前所未有的历史机遇。身处这样的历史阶段,我们是幸运的,也是肩负重任的。我们要对包括传统家风家教在内的传统文化实施创造性转化与创新性发展,大力构建中国特色社会主义新文化,为实现中华民族伟大复兴和人类文明新发展做出应有贡献。随着时代的变迁,家风家教的内容也在不断地发生变化。到了今天,与传统家风家教内容相比,现代社会的家风家教既有传承,也有革新。[②]新时代的家风家教体系既包括读书尚学、孝以养德、修身养性、齐家兴业、忠国安民等优秀的中华民族家风家教传统,也有结合当代实际,以马克思列宁主义、毛泽东思想、邓小平理论、"三个代表"重要思想、科学发展观、习近平新时代中国特色社会主义思想为根本指导,按照"富强、民主、文明、和谐,自由、平等、公正、法治,爱国、敬业、诚信、友善"社会主义核心价值观的要求赋予新时代内涵的内容。

(二)家庭形式与个人观念的演变体现的家风家教传统性与现代性的耦合

家风家教以家庭为载体,也随着家庭形式的变化而不断更迭。家庭形式的变迁集中展现了传统家风家教不断更新迭代的过程,也是传统性和现代性耦合的最好证明和有力论证。人是一切社会关系的总和,再复杂的社会理念,最终也要靠个人的观念、行为来展现。探究传统家风家教与现代家风家

[①] 王常柱.中国家风的多维本质、历史本原与现代境遇[J].河北学刊,2017,37(6):217-222.

[②] 王常柱.中国家风的多维本质、历史本原与现代境遇[J].河北学刊,2017,37(6):217-222.

教之间耦合的行为机理，可从个人对人生的观点、家庭的认同以及社会的看法中找到。

1. 家庭形式变化中所展现的家风家教传统性与现代性的耦合

自古以来，家庭就是人类社会最典型的基础构成单位。人类学家克洛德·列维-斯特劳斯（Claude Levi-Strauss）将家庭的定义归纳为"纵向派"和"横向派"两类。前者认为家庭是以生物及心理为基础的代际传承关系；后者认为家庭是以婚姻血缘网为特征的基础性社会组织。[①] 家风家教对家族的传承，乃至民族的发展都起到重要作用。随着科技的发展，家庭形式中原来的以姓氏为纽带的规定开始面临着巨大的挑战，面对差异、对立，如何更新与适应是一个家庭存续的关键。从家庭形式的不断改变中可以看到传统家风家教与现代家风家教的耦合之法。家庭是社会的细胞，它是以婚姻、血缘和共同经济生活为纽带形成的亲属团体和社会单位，是社会的基础结构，在个体的生长过程中发挥着重要的作用。家风家教影响并决定着一个家庭及成员总体的价值取向，是社会文明建设的重要组成部分。进入新时代，新的家风家教悄然形成，其耦合的行为机理其实可从基本构成单位——家庭中找到。

在中国古代的治家理论与实践中，家风家教占据重要地位。家庭的道德风貌和相沿成习的家庭传统是一种无形的精神力量，潜移默化地影响家庭成员的思想和行为。良好的家风家教有利于家庭成员的健康成长和道德素质的提高，也有利于社会良好风气的形成。好的家风家教不是一朝一夕就能形成的，它需要一代人甚至几代人的努力。好的家风家教代代相传，被视为家庭最宝贵的财富。由此可知，家庭不仅是社会中最常见的组织形式，还是最有特殊性的微观组织，是每一个个体必须依存的生活世界。作为一种广泛的社会组织，家庭自产生之初便形成了相应的结构，承载了相应的社会功能，如经济功能、生育功能、抚养与赡养功能、教育功能、感情交往功能等。其

---

① 比尔基埃，克拉比什-朱伯尔，雷伽兰，等. 家庭史：现代化的冲击 [M]. 袁树仁·赵克非，邵济源，等译. 北京：三联书店，1998：1.

第五章 地域文化影响下家风家教传统性与现代性耦合的行为机理

中,家庭教育、家训家规及家风传递是极为重要的内容。可以说,家庭组织是家教和家风得以存在并延续的"场域",也可以视作二者的本源和基础。家庭、家教、家风构成了一个紧密相连的有机整体。

由于历史的变迁、社会的发展和多元文化的侵袭,中国家庭正处在传统家风家教与现代家风家教交汇融合的阶段。家庭是社会的基本构成单位,也是建设良好社会秩序和政治秩序的基础。"一家仁,一国兴仁;一家让,一国兴让;一人贪戾,一国作乱。其机如此。"(《大学》)如果社会上每个家庭都能和睦而幸福,则这个社会、这个国家自然会有良好的秩序。所以,如果把国家看成一个个体,那家庭就是这个个体的细胞。不同家庭所处的阶层不同,就如不同细胞所处的位置不同一样。只有大部分甚至每个细胞都是正常的,个体才能是正常的或舒适的,才可能是和谐的。在《颜氏家训》中有这样一句名言:"父子之严,不可以狎;骨肉之爱,不可以简。简则慈孝不接,狎则怠慢生焉。"意思是父亲在孩子面前要有威严,不能过分亲密;骨肉之间要相亲相爱,不能简慢;如果流于简慢,就无法做到父慈子孝,如果过分亲密,就会产生放肆不敬的行为。

作为学校教育与社会教育基础的家庭教育,是人生整个教育的基础和起点,也是终身教育的过程。家庭教育涉及教育的目标、内容、手段、方法及艺术等。对人的一生影响最为深远的一种教育,当属家风家教教育,一个人的人生目标能否实现,很大程度上取决于家风家教。只有在家庭成员对核心价值观与准则的集体认同的基础上,才能形成家族世世代代沿袭的精神风貌、行为准则和家族文化。

家庭是人们以婚姻、血缘或收养关系而组成的一种社会生活组织形式,包括父母、子女和其他共同生活的亲属。家庭是家庭成员之间感情的、经济的、思想的、文化的结合。社会是由家庭组成的,因此人总是从家庭走向社会。一般来说,人先是为人之子(女),在父母组成的家庭中生活;后是为人之夫(妻),在自己组成的小家庭中或者依附父母家庭生活;再后是为人之父(母),在与孩子组成的家庭中生活;最后是成为爷爷(奶奶)或外公(外婆)。人生在世,总归是离不开家庭的。为了更好地生活,人们需要有一个互爱互助、融洽和谐的家庭，使未成年人能够在家长的关怀和抚养下成长，使老人与丧失劳动能力的人能够在家庭中得到赡养。人要受家庭影响，人也会给家庭带来影响。

家庭是情感的摇篮，这是由"血浓于水"的血缘关系带来的天伦亲情。基于这种天伦亲情，"家"便构成了中国礼乐文化滋生与发展的基础，由之形成了"诗礼传家"的文化命脉。因此，中国传统中的"家"承担着不可或缺的经济功能与政治指向。中国人重视血缘情感的特征形成了孝忠信、礼义廉耻、仁爱、忠恕、诚敬等基本的道德范畴和伦理体系。家庭不仅是人们日常生活的场所，还是人们修身养性、安身立命之地。

家庭的性质、形式、结构以及和它相联系的道德观，都会随着生产方式的变革而变革。家庭的功能随着社会的发展发生了变化，一些功能有逐渐减弱和淡出的趋势。对于家庭的走向，本书有以下几种预测。一是淡化论。淡化论认为社会的不断发展完善导致家庭的许多功能逐渐淡化和消失，因为有一些社会组织或机构代替家庭发挥着原本由家庭发挥的功能。二是消亡论。消亡论将淡化论推向了极端。对此，乐观者认为这是个人充分的真正的自由时代的到来；悲观者则认为家庭消亡将会引起社会的崩溃。三是改革论。改革论认为家庭是社会的天然基础，不可能消亡，人类需要在家庭中进行情感交流以及巩固亲缘纽带，社会发展不会取消家庭，而是改善家庭生活。四是振兴论。振兴论认为家庭的功能会振兴，家庭将会在今后的社会生活中发挥更大的作用。五是综合论。综合论认为今后家庭的形式可能会出现多种多样的变化，会有不同的表现。从中华人民共和国成立至1978年前，家庭的生产职能基本上没有发挥。1978年后，特别是我国实行市场经济之后，由于经济成分的多元化以及经营方式的多样化，我国目前婚姻家庭的经济职能呈复合式状态。在城市，绝大多数家庭的经济职能以消费职能为主，其生产职能已基本消退，家庭成员主要通过参加社会化劳动来谋生，家庭主要起着消费职能的作用。从长远来看，家庭的生产功能随着社会生产的进步迟早会弱化，因为这是社会发展的一种客观规律。家庭的生育功能和消费功能呈弱化趋势，家庭作为生育单位，在家庭事务中的作用下降。家庭消费功能的弱化表现在家庭成员的消费行为和消费内容越来越多，并不局限在家庭之中，而是要到社会上进行或获得满足。

由以上分析可以发现，家庭功能的执行空间和时间的变化、执行主体的转移和多元化、执行的方式和手段的替代并不简单地意味着功能的减少和增加。功能减少的观点忽视了功能实现的形式多元化，忽视了功能的动态发展，只停留在传统的理解上。新的功能是否就是家庭原有的功能？如果是因为生活水平的提高，对家庭的功能提出新的元素但家庭本身不能实现，而出现执行新的功能的社会主体，是否能够说明传统的家庭功能的减少？[1] 笔者认为，结论是相反的，因为那样会对家庭提出新的功能要求。人类家庭总是伴随着社会因素的变化而不断发展，现代家庭对传统家庭来说是超越和发展，这种超越和发展是不断地适应社会的新变化，是家庭形式的不断完善，而不是家庭功能的弱化和消失，家庭的本原功能——经济功能和生活功能不可能被消灭。家庭功能变迁并不能说明家庭总体功能的弱化和丧失，变迁是转化与调整的意思，一个单位的某些功能元素的式微，可能意味着其他功能的出现。

古往今来，我国还有务实、刚正、自律、虚心、为民等广为流传的优良家风家教。"有好家风才能走得远"，千百年来，无数家庭认同并信守这个朴素的道理。因而，我们需要深入地学习与弘扬从古至今的优良家风家教。具体来说，要在家庭、学校、社区、社会中全面地宣传与倡导优良家风家教，让它进社区、进教材、进课堂、进头脑，让它的内涵滋润每一个人的心灵，指导每个人的行为，从而推动形成能够体现新时代精神和要求的好家风家教。习近平总书记对家庭、家教和家风建设有诸多论述，如"家庭是人生的第一个课堂""家风是一个家庭的精神内核""家风是社会风气的重要组成部分"等。2015年2月17日，习近平总书记在春节团拜会上提出"注重家庭、注重家教、注重家风"，既表明了家庭、家教、家风的重要性，也阐释了三者的密切关系。家庭是社会的基本细胞，这一点在当今社会依然成立。

---

[1] 刘建基，刘汉林.家庭家教家风[M].武汉：华中科技大学出版社，2021：6.

解析家庭、家教、家风内在的逻辑关系，促进它们之间的良性互动和共同发展，依然有着重大的理论价值和实践意义。不论时代发生多大变化，不论生活格局发生多大变化，我们都要重视家庭建设，注重家庭、注重家教、注重家风，弘扬社会主义核心价值观，发扬光大中华民族传统家庭美德，促进家庭和睦，促进亲人相亲相爱，促进下一代健康成长，使千千万万个家庭成为国家发展、民族进步、社会和谐的重要基点。[①]

2.传统与现代家风家教内涵的耦合

良好的家教可以帮助人们构建良好的家风。家庭教育存在于家庭生活的方方面面，与家庭生活水乳交融，因而会不可避免地规范和调节各种家庭关系，如夫妻关系、父母与子女的关系、兄弟姐妹之间的关系等，从而形成稳定的家庭价值观和独特的家风家教文化。可见，家风家教不仅是家庭的必要组成部分，还是构筑现代家庭形式的必要前提和基础。所以，研究传统家风家教与现代家风家教耦合的行为机理，可以从敬与爱的理念传承与耦合、苗与圃的自觉理念和注重言传身教的统一模式中找到契合点。

第一，敬与爱内涵的传承与耦合。互爱互敬是传统家风家教中非常重要的一环。与之相对，家庭成员之间应互相谦让、互相谅解、互相帮助。具体地说，子女应尊敬父母，对待父母的赡养问题，不可斤斤计较；兄弟姐妹间，一人有难，大家相助，遇事要宽宏大量，不怕吃亏；婆媳之间，婆婆要爱媳如女，不把她当外人看，同时媳妇要视婆婆如生身母亲，敬重、关心、体谅婆婆；夫妻之间须真诚相爱、平等相待、体贴谅解。与家风家教建设密切相连的是家庭教育，尤其是对子女的教育。家庭教育是家教的重要方面，也是家庭管理的一个重要内容。家庭教育的质量，在很大程度上影响着家庭风气；从一定意义上说，家庭教育的成败也直接关系着家庭的兴衰。

在现代社会，优秀的家风家教也必然包含这些理念。一个和睦进取、家风家教良好的家庭都有以下几个共同特点：其一，注意精神建设和智力投资，形成高层次的文化氛围和生活雅趣；其二，注重家庭成员的修养、风

---

① 王明强，董英洁.家庭教育的困境与改善策略[J].教育观察，2021，10（7）：31-33.

第五章 地域文化影响下家风家教传统性与现代性耦合的行为机理

度、谈吐，避免粗俗、庸俗；其三，鼓励家庭成员提高科学文化素质，培养某种专长爱好，并能相互交流体会和技能；其四，力求形成淳厚、刻苦、正派、勤奋的家风；其五，家长要求子女严格，自己也要以身作则；其六，营造遵纪守法的家庭氛围；其七，有严格而良好的家规。概要地说，良好家风的标准应当是民主的风气、严肃活泼的风气、勤奋进取的风气、淳厚正派的风气、团结合作的风气、和睦相处的风气。[①]

事实上，良好的家庭教育和家风在孩子的成长和成才过程中起着不可替代的作用。家庭教育是人生的第一课堂，它对孩子的性格、思维方式、行为方式的养成起着极为关键的作用。而家风作为一种精神力量，对孩子的价值取向、道德追求、行为习惯的形成无疑起着潜移默化的作用。俗话说得好："家有谱，地有志，国有史。"有家就有家风，家风即一个家庭的风气。在中国传统文化体系中，家风曾被视为瑰宝，有些家风被凝练成一句话，挂在墙上给家人警醒，如"邻德里仁""诗礼家风""耕读传家"等；有些家风被汇编成书，留存下来供后人品读，如诸葛亮的《诫子书》、司马光的《训俭示康》、曾国藩的《曾国藩家书》、傅雷的《傅雷家书》等。家风从未消失，只不过近年来随着对物质生活的追求，人们淡化了对家风的追求。因此，重提家风意义重大，它不仅关乎子女性格的塑造，还关乎一个国家的风气和命运。

敬与爱的内涵在传统家风家教和现代家风家教中有共同的契合点，晚辈对长辈的敬，长辈对晚辈的爱，家人之间、邻里之间、朋友之间的敬爱在传统家风家教和现代家风家教中都以不同的形式和内涵而存在，因此正是传统家风家教与现代家风家教契合点的存在，促进了传统家风的现代化，推动了现代家风家教的发展。

第二，苗与圃观念的自觉与守护。如果说家庭是圃，那么孩子就是苗，这是传统家风家教中的又一大内涵。传统家风家教把家庭关系比作春雨和甘露，滋润着万物，小苗只有在雨露的滋润下才能健康茁壮地成长。小时候，

---

① 宋希仁. 家庭伦理新论 [J]. 中国人民大学学报，1998（4）：65-71，130.

爸爸妈妈经常讲"要懂礼貌，不能顶撞父母和长辈；要讲卫生，勤洗勤换衣服；要诚实，不能说谎、不占小便宜……"如今，这些好习惯已经融入了个体骨子里，成了个体为人处世、与人交往的风格和秉性。细想起来，这就是家风家教带给个体的影响。其实，家风家教带给个体的影响远不止如此，不同年代的人有不同的思想观念，有不同的处世之道。对待同一问题，不同年代的人所持有的看法是不同的。这就很容易造成分歧，而这种分歧又没有对与错之分，在这种情况下，就很容易产生家庭矛盾，小则闹得大家不愉快，大则闹得人心涣散、家庭不和。而好的家风家教能够让一个家庭中的几代人和谐相处。法国作家罗曼·罗兰曾说过："生命不是一个可以孤立成长的个体，它一面成长，一面收集沿途的繁花茂叶。它又似一架灵敏的摄像机，沿途摄入所闻所见。每一分每一寸的日常小事，都是织造人格的纤维。环境中每一个人的言行品格，都是融入成长过程的建材，使这个人的思想感情与行为受到感染，左右着这个人的生活态度。环境给一个人的影响，除有形的模仿，更重要的是无形的塑造。"

而在现代社会中，家风家教成为一个家庭的思想、生活习惯、情感、精神、态度和情趣等多种因素的综合体，是一种综合的教育力量。家风家教的好坏，直接体现在家庭的语言环境、情感环境、人际环境和道德环境上。爱是最好的教育，也是教育的核心，更是家风家教最核心的精神力量。无论何种家风家教，都不能缺少爱，如果没有爱，家风家教也就形同虚设；如果没有爱，家风家教建设就会瞬间坍塌。因此，爱孩子、爱家人、爱家庭、爱左邻右舍、爱亲朋好友，用爱才能营造一个和谐的家庭环境。在这样的家庭氛围下，孩子才会健康快乐地成长起来。而爱怎么体现呢？其实就体现在父母对孩子的尊重、关心、培养上，这种培养和教育是温和的，而不是粗暴的。

苏联著名教育家苏霍姆林斯基曾把儿童比作一块大理石，要想把这块大理石塑造成一座雕像，需要六位雕塑家。这六位雕塑家分别是家庭、学校、集体、儿童自己、书籍、偶然因素。苏霍姆林斯基将"家庭"这位雕塑家放在首位，可见家庭教育、家风家教的影响对孩子成长的重要性。

第三，言传与身教的直接联结。传统家风家教认为，言传和身教在家风

第五章　地域文化影响下家风家教传统性与现代性耦合的行为机理

家教中相辅相成，是其在家庭育人中的直接方式。只有双管齐下，才能取得最佳效果。两者相比较，"身教"更胜于"言传"，传统家训多要求父母长辈以身作则，注意言行举止。例如，申涵光的《格言仅录》指出："教子贵以身教，不可仅以言教。"① 教育子女时，家长不仅要"言传"，更要"身教"。例如，司马光在《居家杂仪》中指出："凡为家长，必谨守礼法，以御群子弟及家众。"脍炙人口的孟母"杀猪不欺子"的故事就是一个家长以身作则教育子女言而有信的典型例子。"曾参杀彘"与这个典故颇为相似，它的主人公是孔子的学生曾子。曾子用实际行动为儿子做出了不说谎的榜样。我国古代还有很多言传身教的例子。古人云："以教人者教己。"如果想要孩子具有优良的品质，那么父母就要具备这种品质，然后用无形的力量去感染孩子。无独有偶，苏霍姆林斯基也说过一句类似的名言："每一瞬间，你看到孩子，也就看到了你自己；你教育孩子，也是在教育自己，并检验自己的人格。。"②

而在现代社会中，家风家教所体现的"言传身教"也时刻发挥着很大的作用，体现了传统与现代的耦合。多年前有一则让人印象深刻的公益广告，年轻的母亲在给自己年迈的母亲洗脚，年少的儿子看到后，吃力地端着水，一路颤巍巍地从外面走过来，准备给自己的妈妈洗脚。这种榜样的示范作用是多少语言教育都不能达到的。孝顺的家风就是通过这样的榜样示范作用传承下来的。

"家和"，简要地说，就是家庭中人际关系协调、和谐，团结和睦。团结和睦是幸福美满家庭的基础。家庭是人们的休养生息之所，人们的天伦之乐、人伦之福都是在家庭中得到的。③ 所以，人们常常将家庭称为"避风港""安乐窝"。每个人的一生都离不开家庭，并且大部分时间是在家庭中度过的。家庭中的人际关系，影响着个人的幸福、家庭的美满。如果家庭中整天冲突不断，内战内争不休，甚至出现夫妻相斗、父子相争、兄弟打闹等

---

① 胡月.基于优秀传统家风传承的现代家风建设研究[D].成都：西南交通大学，2018.
② 苏霍姆林斯基.要相信孩子[M].王家驹，译.天津：天津人民出版社，1981：74.
③ 吴凯龙.家庭伦理视阈下的领导干部家风建设研究[D].重庆：西南政法大学，2018.

现象，也就失去了天伦之乐、人伦之福，家庭生活也就会度日如年，备受煎熬。汉代班固在《汉书·东平思王刘宇传》中就说："福善之门莫美于和睦，患咎之首莫大于内离。"说的就是这个道理。团结和睦是家业昌盛的开端。一个团结和睦的家庭，人人心情舒畅，全家人团结一心，互相尊重，互相理解，互相支持，互相慰勉，就能克服种种困难，家业就会昌盛。"贫非人患，唯和为贵""内睦者家道昌""家有一心，有钱买金；家有二心，无钱买针"，都说明了家庭和睦、团结一心能使家道兴盛的道理。团结和睦是教育子女的良方。凡是团结和睦的家庭，家庭成员之间平等相处，互相关心，互相信任，互相体谅，即使发生矛盾也能顺利解决，子女因此得到良好环境的熏陶。在团结、和睦、文明的家庭中成长起来的孩子，往往具有情绪稳定、情感丰富细腻、性格开朗、团结友爱、有自信心等特征。这是因为和睦家庭首先能给孩子带来安全感，使其置身于家中感到温暖幸福和愉快；其次是能满足孩子的归属感，在家庭中孩子能感到被爱、被尊重，也能学习到如何爱他人、如何尊敬他人，从而增强自尊和自信。

3. 个人观念的更新所体现的家风家教传统性与现代性的耦合

人是一切社会关系的总和，从人诞生之初，最先受到的教育就是家庭教育。个人的观念所展现出来的内在理念是家风家教最直接的表现，通过个人对人生的观点、家庭的认同以及社会的看法可直观地展现传统家风家教与现代家风家教的耦合过程。家风家教的传统与现代是相对的，是充满因果关系和内在统一的，这也就是耦合的内在行为机理。

中国自古以来都有个人的兴衰荣辱与家庭密不可分的观念。现代家风家教中也存在个人与家庭、个人与国家之间荣辱与共的理念。我国古代有很多关于优秀家风的典籍，如北齐颜之推的《颜氏家训》、北宋司马光的《温公家范》、清代朱伯庐的《治家格言》、清代曾国藩的《曾国藩家书》等。在春秋至唐代的1000多年中，颜氏家族涌现出了一大批杰出的名人，如春秋时期孔子的"首席弟子"颜回，北齐的颜之推，唐代中叶的颜杲卿、颜真卿兄弟等，这与颜氏家族"好学、尚德、孝悌、淡泊"的家风是分不开的。司马光非常重视言教和身教，他的《温公家范》是传统社会进行家庭道德教育的典范课本。朱伯庐的《治家格言》，又叫《朱子家训》，以修身、齐家为宗旨，是儒家做人处世方法的经典之作，被称为"治家之经"。曾国藩的十六字家风"家俭则兴，人勤则健；能勤能俭，永不贫贱"告诫家人：节俭能使家庭兴旺，勤快能使身体强健，既勤劳又节俭，人生才能永远不贫贱。又如，北宋政治家、文学家范仲淹虽一生历任高官，却一直保持清贫俭约、淡泊名利、重义轻财的家风，他的子女也深受其影响。范仲淹担任兴化知县治理水患时，还拿出自己的俸禄，为百姓改善生活；晚年时，他用自己的积蓄购买土地，开办义田，收入全用于救济贫困者，用实际行动兑现了"先天下之忧而忧，后天下之乐而乐"的人生理想。[1]

在中国近代历史上，有许多知名人士为社会、为国家做出了不小的贡献。他们在人生成长道路上，均受到了良好家风家教的影响。在他们看来，家风家教包含着传统家风家教中的勤俭持家、诚实守信、踏实做人、爱国奉献、勤学敬业等中华民族传统美德。他们也像现代普通人一样，在现代社会中认真遵守和实践着家风家教，并对子女严格要求，努力将家风代代传承下去。[2] 例如，晚清重臣曾国藩就非常重视对子女的家庭教育，形成了著名的曾氏家风。在曾家，男子必须看书、读书、写作、思考，女子必须"食事、衣事、细工、粗工"样样精通。尚学、勤奋、节约、务实的家风，一直为曾家子孙后代所继承。直到今天，曾家的后人仍然活跃在各个领域，为国家的发展做出他们的贡献。近代著名思想家梁启超也格外看重家风和家教，梁家"一门三院士"就得益于他成功的家庭教育和家风塑造。近代才女林徽因家学家风深厚，祖父是儒雅低调的翰林，父亲是清风正气的清官，她自幼接受家庭的熏陶，爱读书、清白坦荡、自律自爱。林徽因把从家中濡染到的家风家教传给了自己的家庭和孩子。

第一，责任与担当。林徽因对家的责任担当，深深影响了子女的品格养成。她的女儿梁再冰做了多年的新华社驻外记者，辗转多地，在国外复杂的

---

[1] 靳义亭，郭婧斐.当下社会不良家风的现状、原因分析及解决路径[J].洛阳理工学院学报（社会科学版），2016，31（2）：52-56，89.
[2] 茅文婷.社会知名人士的家国情怀[J].新湘评论，2014（7）：18-20.

环境下坚持工作，肩负自己的工作责任；儿子梁从诫身为政协常委，不仅创办了第一个环保协会，多年来还为了环保公益事业奔走，肩负起了社会责任。

第二，坚持读书。即使在逃亡中，林徽因依旧为5岁的儿子和8岁的女儿读经典书籍，哪怕后来卧病在床，也会让孩子读中外名著，自己还会和孩子交流。

第三，学会爱。1945年后，林徽因的身体十分虚弱，朋友劝她去美国接受更好的治疗，但林徽因拒绝了，她不愿意离开祖国。林徽因还用自己的感情经历，告诉孩子什么是真正的爱。林徽因虽是一个女子，却始终以自己的言行，给子女带来了爱的家风家教熏陶。

倡导与弘扬红色家风是中国共产党人在长期的革命和建设实践中形成的家庭风尚或生活作风。红色家风的内涵体现在三个方面：一是爱党爱国、忠于理想的家国情怀；二是严守纪律、廉洁奉公的清廉本色；三是艰苦朴素、勤劳节俭的持家传统。无数中国共产党人用自己的家风故事教育和感动了后人，他们的红色家风是中华民族的传家宝，是优秀家风传统性与现代性的有机耦合。不论遇到多大危险，不论付出多大牺牲，不论遭遇多少苦难，老一辈革命家都无怨无悔，甘愿为民族解放和人民幸福奉献一切，他们的家国情怀是中国共产党人的宝贵精神财富，他们严于律己，公私分明，把严守纪律、廉洁奉公融入对亲人的关爱，成为后人学习的榜样。

在现代社会中，一个家庭的家风家教通过孩子的言谈举止体现出来，缺少家教的孩子的言谈举止中透出的某些东西体现出家风家教的缺失。曾国藩一向很注重家风家教，所以曾国藩在功成名就之后，更加关注家风家教。在给家人的信中，他提出了一个观点：一户人家的后代是否贤能，百分之六十源于天性，百分之四十源于家教。宋代著名理学家邵雍按照资质把人分为三品：上品之人，不教而善；中品之人，教后能善；下品之人，教后不善。邵雍的分类是否科学、结论是否存在片面和武断暂不评论，但是从一定程度上说明了家庭教育的重要性。对一个家庭来说，直接关系到一个家族兴衰的是子弟是否贤能有才。宋代学者倪思曾在《经锄堂杂志》中说："十子兴家，一子败家。十贤子孙，未必能兴家；一不肖子孙，破家为有余。他事皆可区处，唯子孙不肖，无策可治。"倪思的观点是，一个国家，奸臣可能误国，但毕竟忠臣多，正义必然战胜邪恶。但对一个家庭来说，数十个贤能子孙勤奋耕耘，不一定能振兴家族，但是一个败家的子孙足以毁掉一个家族。倪思的感想是，世界上其他事情都可以设法解决、应对，但子孙无才、无能、无德、无行，那就无法可想，只能徒唤奈何。有鉴于此，在上古时期，中国的国家、地方、贵族就开始全方位注重"蒙学"，从小教导子弟趋于正道，开发善性。《礼记》中说："玉不琢，不成器；人不学，不知道。"再好的玉石不雕琢打磨，就是一块石头；再聪明的人如果不学习，就不知道道义是什么。到了后代的启蒙读物中，这句话变成了更有名的"玉不琢，不成器；人不学，不知义"。南北朝时期，天下纷乱不堪，但没有任何一家士大夫家庭放弃教育。颜之推在《颜氏家训》中谈到他那个时代的家族教育风气时说："士大夫子弟，数岁已上，莫不被教，多者或至《礼》《传》，少者不失《诗》《论》。"表明士大夫人家子弟，从几岁开始就要接受教育。一般的要读完《诗经》《论语》，超前的还要读到《礼记》和《左传》。[①]

（三）家风家教传统与现代的契合点促使家风家教传统性与现代性的耦合

1. 强调价值引领，弘扬家国情怀的共性

家国情怀和奉献精神作为中华文明传承至今的宝贵精神财富，是华夏儿女对祖国最真挚的情感共鸣，是中国人民的优秀传统与内在品格。显而易见的是，现代社会中家国情怀一直都存在，并且在新的社会环境下有新的底色。家国情怀和奉献精神是中国传统文化底蕴中较为强烈的精神底色，同时铸就了几千年来中国最坚挺的脊梁。这种嵌入国人心理的优秀基因构成了中国文化的基本维度，是个体对共同体深深的眷恋和敬仰，现代家风家教里也传承着这种内涵。中国历史上无论是高居庙堂的知识分子，还是平民百姓，

---

① 刘云生. 中国家法：家风家教[M]. 北京：中国民主法制出版社，2017：3.

都崇尚心怀家园、匹夫有责、以身许国的救世情怀。无论是《礼记》里"修身、齐家、治国、平天下"的追求，还是"先天下之忧而忧，后天下之乐而乐"的责任担当，都向我们展示了高贵的人格和崇高的价值追求，凸显出对家国高度的归属感、责任感和使命感。如今，家国情怀和奉献精神已内化为中华优秀传统文化的宝贵资源，成为支撑中华民族不断进步的精神财富。

社会重点群体的家风家教与传统家风家教的共同点是讨论和分析家风家教传统性与现代性耦合的直接切入点，其对整个社会都有极其重要的影响。先进模范、公众人物、企业家、演员、工人、农民、教师等人群是建设社会主义精神文明先锋队的一部分，他们的家风家教为构建优秀家风家教文明提供了条件，发挥着部分普通家庭不具有的示范作用。[1] 航天员聂海胜在接受中央电视台采访的时候表示，自己家的家风是"本本分分做人，踏踏实实干事"。聂海胜家境不好，父母因为学费经常借款，有时交到老师手中的"学费"甚至是一只兔子。但他学习很刻苦，寝室关灯后，有时他就在校园的路灯下读书。他数学成绩特别好，考试经常是满分。初中毕业后，他考上了县里的重点高中；高中毕业后，他被录取为航校飞行员。由于他的勤奋和努力，他两次登上了我国的载人航天飞船，并圆满完成了任务。正是由于践行"本本分分做人，踏踏实实干事"的家风，聂海胜走出了自己的航天之路。[2] 著名表演艺术家李雪健在电视剧《父爱如山》中，曾经塑造了一个不善言辞却内心细腻的父亲形象。在现实生活中，李雪健十分和蔼可亲，和儿子保持良好的沟通，注重给儿子保留自己的成长空间。李雪健表示，希望孩子能大胆去闯，选择自己的路，不怕摔跤，因为"受点伤摔点跤都是人生的财富"。篮球运动员姚明对家风体会最深的是"诚实"二字。小时候，他曾经因为说谎挨了一顿打，所以一直记得"父母告诉我要诚实"。从1997年开始职业生涯到2011年退役，姚明在球场上遇到过各种情况，但他始终坚持着父母的教导，诚实地打球，并明确表示"我根本不想学假摔的花招"。诚实的品格给姚明带来了重要的人格魅力，再加上精湛的球技，姚明成为世界知名的

---

[1] 王娟. 培育和传承优良家风的探索及实践[D]. 绵阳：西南科技大学，2017.
[2] 茅文婷. 社会知名人士的家国情怀[J]. 新湘评论，2014（7）：18-20.

华人运动员。[①] 从湖南宁乡走出来的哈佛大学优秀毕业生何江，不仅是麻省理工学院博士后，还是哈佛大学毕业典礼上作为"优秀毕业生代表"的首位中国人，并且在2017年被福布斯杂志在其官网上评选为福布斯30岁以下30位俊杰青年之一。这个父母都是普通农民的湖南人，是在怎样的家风教育中走出农村成为栋梁的？何江父母长年累月坚持的不同于邻居的四个家风如下：一是不打牌，陪孩子做作业；二是宁愿养猪也不出去打工；三是在家举办阅读大赛；四是用自己做的美食夸奖孩子。何家的四个家风让所有人都深有感悟！而何江在离家万里后依然不忘孝心和赤子心，虽然有12小时的时差，但他坚持每天与父母视频。家风家教影响并决定着一个家庭及成员总体的价值取向，是社会文明建设的重要组成部分。进入新时代以来，我们亟待建设与现代化需要相适应的家风。然而，由于历史的变迁、社会的发展和多元文化的侵袭，中国家庭正处在传统家风与现代家风交替的阶段。因此，我们要高度重视新时代优秀家风的培育和建设，从个人、家庭、社会层面出发，多管齐下，采取科学有效的方式方法，逐渐形成既符合民族心理也符合现实国情的新时代优秀家风。

在家风家教建设的主旨要求方面，传承中华民族的文化基因，在现代社会中所体现的就是坚持价值引领，弘扬家国情怀，用社会主义核心价值观统领家风家教建设。具体来说，我们要在全社会大力弘扬家国情怀，培育和践行社会主义核心价值观，弘扬爱国主义、集体主义、社会主义精神，提倡爱家爱国相统一，让每个人、每个家庭都为中华民族大家庭做出贡献。家国情怀是流淌在血液中对自己国家的高度认同所表现出来的深情大爱，几千年斗转星移，家国情怀如同一条奔腾不息的情感长河，始终贯穿于中华民族栉风沐雨、砥砺奋进的历程中，流淌在中华民族子孙生生不息的血脉里，成为不变的民族基因和共同的精神底色，成为中华民族战胜艰难险阻、不断取得巨大成就的精神动力。千百年来，多少英雄豪杰、仁人志士秉持这种家国情怀，恪守兴国之责，舍小家为大家，让中华民族历经磨难而不衰、饱尝艰辛

[①] 茅文婷. 社会知名人士的家国情怀 [J]. 新湘评论，2014（7）：18-20.

而不屈。无论是霍去病"匈奴未灭，何以家为"的壮志豪情，还是文天祥"人生自古谁无死，留取丹心照汗青"的舍生取义；无论是范仲淹"先天下之忧而忧，后天下之乐而乐"的忧国忧民，还是林则徐"苟利国家生死以，岂因祸福避趋之"的勇敢担当，都生动诠释了家国情怀的内在要义，体现出中华儿女对祖国的赤子之心，激励着无数后来人为改变国家和民族命运前仆后继、奋斗不止。中华人民共和国成立以来，更有无数英雄儿女为祖国的建设事业无怨无悔地奉献自己的青春。"两弹一星"功勋们克服重重困难，隐姓埋名，在极端艰苦的条件下，用热血和生命推动我国国防和航天事业取得举世瞩目的辉煌成就；以王进喜为代表的大庆石油工人，不怕苦累，无惧牺牲，为我国石油工业的发展做出了重要贡献，"铁人精神""大庆精神"成为我国社会主义建设事业的宝贵精神财富；全国"时代楷模"、守岛英雄王继才守岛卫国32年，把青春年华全部献给了祖国的海防事业，用无怨无悔的坚守和付出，在平凡的岗位上书写了不平凡的人生华章；"太行山上的新愚公"李保国默默扎根太行35年，倾尽毕生心血帮助农民致富，忠实践行了共产党人无私奉献的价值观。伟大的事业，需要伟大的精神。我们应注重家风家教建设中的爱国情怀建设和优良家风建设，自觉将家庭情感与爱国情感共融互通，积极传承弘扬尊老爱幼、勤俭持家、爱国爱家、无私奉献等中华民族传统美德。新时代，要大力弘扬爱国奉献精神，与祖国同命运共呼吸，把自己的命运同祖国的前途紧密地联系到一起，用自己的青春为祖国的繁荣富强贡献力量，书写属于我们自己时代的辉煌。无论在何时何地都心怀祖国，以身为中国人而自豪。

2. 时代规约传统性与现代性的耦合

（1）着眼当今中国社会发展的需要，结合新的时代特征，坚持现实问题导向，对中华家风文化传承下来的价值理念与人生规约进行新的阐发，其内涵即传统性与现代性的耦合。在中国传统家风家教文化中沉淀着具有永恒生命力、跨越时空的价值理念和传统美德，如爱国爱家、崇德向善、孝亲敬长、修身勉学、诚敬友爱、互助济难、廉洁自守等具体的人生训诫与规约。这些价值理念和传统美德同中国传统社会的基本经济制度、社会风尚融为一体,在不同时代呈现出不同的形态,要想弘扬其内涵中具有时代价值的文化精神,就必须在形式和内容上进行创造性转化,以从根本上改变其属性,使其成为当代家庭文化建设的价值诉求。今天倡导的爱国与传统价值观中的忠君爱国思想不同,它不是对封建君主和帝王政权的忠诚,而是对人民当家作主的社会主义国家的热爱与奉献;今天所说的平等、友善等价值理念,是超越了传统阶级社会朴素的平等、友善观念,是在消灭了阶级剥削与压迫的社会主义条件下的实质平等与友善;今天强调的孝亲敬长,也并非无条件对长辈的顺从,而是在平等、民主基础上对长辈的尊敬、感恩与赡养。[①]

(2)在拓展深化中华家风家教文化的价值理念与人生规约的内涵中所形成的耦合。以"孝亲"为核心内容的中华传统家风家教文化的价值理念和美德要求,是随着历史的演进而不断完善发展的。传承中华优秀家风家教文化的发展脉络,就要在理论和实践的结合上进行深入探索和拓展研究。例如,在中华传统家风家教文化中,作为人伦之本的孝,是建立在人伦情感合理性基础之上的道德规范,而我们今天阐释的孝,应该超越传统思维的局限,不仅要从人伦情感的维度来说明其合理性,还要从自身安身立命、完善发展的需要来为孝的道德要求提供支持。[②]

(3)在赋予中国传统家风家教文化的价值理念和人生规约新的内容的过程中所展现的耦合机理。在当代中国家风家教建设中,要强调党员干部及其家庭成员始终保持良好的道德操守和健康的生活情趣,为社会做好表率;要强调家族兴旺之道在于家风家教的清正德善以及对德才兼备人才的培养,而不在于一时的资财丰厚或权势显赫;要强调邻里的互助与团结,抵制自私狭隘的家风。

3. 教育规律传统性与现代性的耦合

在传承家风家教的方法方面,传承中华民族的文化基因,就要遵循教育

[①] 吴潜涛,刘函池. 中华优秀传统家风的主要表征及其当代转换与发展 [J]. 中国高校社会科学, 2018(1): 112-122, 159.
[②] 吴潜涛,刘函池. 中华优秀传统家风的主要表征及其当代转换与发展 [J]. 中国高校社会科学, 2018(1): 112-122, 159.

规律，秉持德育为先原则，树立爱子有道、教子有方的家教标杆。而现代社会的教育方式，也在继承中不断创新。德育为先是中华传统家风家教秉持的基本原则，也是教育的基本规律。因此，现代家庭教育要传承中华传统家风家教的优势，克服轻视或忽视德育的不良现象，把首要任务放在做什么样的人、如何做人的教育上。坚持德育为先的家庭教育原则，必须处理好爱子与教子的关系。传统家风家教提出的严慈相济原则符合教育规律，具有恒久价值。"严"既指家教的严肃严格，也指做人准则的认真严格要求；"慈"指父母对孩子的和暖与爱怜，并非盲目地溺爱。传统家风家教一般强调"严"与"慈"的结合，教育既不可过于严厉生硬，如此易造成子女与父母的疏远乃至隔阂，也不可过于怜惜溺爱，如此便不利于孩子坚强独立的人格品质的养成。更有甚者，对子女错误的纵容还会造成其是非不分，铸成大错。[①] 无论是在历史上还是在今天，都有大量真实深刻的案例可以证实这一点。其中的典型是唐代宰相元载因为纵容家人，最后落得家破人亡。史书记载，元载"外委胥吏，内听妇言"，对妻子王韫秀的行为纵之任之，不加约束。王韫秀及元载之子元伯和等人为元载的贪贿行为推波助澜、火上浇油，争相收纳贿赂，也加速了宰相之家的堕落。近现代历史上的严复、丰子恺就是实行民主平等家风教育的代表人物，他们在孩子面前，摆出的是平等的姿态。对于孩子的建议，他们都非常看重，能接受"忠言"。而孩子受到他们的熏陶，也会以平等的姿态向他们征求意见。在包容、民主、平等的家庭中，他们的孩子都得到了很好的教育，继承了优良的家风。可见，"严"与"慈"两者是互为依托、互相补充的。坚持严慈相济，才能爱子有道、教子有方，保证家风家教的正确方向和良好效果。

4. 知行统一传统性与现代性的耦合

在家风家教建设的实践方面，传承中华优良家风家教的文化基因，特别重视实践、环境熏陶对品行情操塑造的重要作用。现代家风家教也始终在贯

[①] 吴潜涛，刘函池. 中华优秀传统家风的主要表征及其当换转换与发展 [J]. 中国高校社会科学，2018（1）：112-122，159.

第五章 地域文化影响下家风家教传统性与现代性耦合的行为机理

彻与发展实践、环境对人的品行的塑造方面的重要性。首先，继承、创新家风家教建设活动仪式载体，践行、内化当代家风家教倡导的价值理念和道德要求，并不断创新与巩固。其次，现代社会也在利用重要的传统节庆或纪念日，通过讲述、回顾历史，强化受教育者对社会主义核心价值观和社会主义道德的认同。[1] 在此过程中，既要善于利用传统媒体，如报刊、广播、电视，也要充分融合网络、微博等。再次，重视社会公共纪念活动与仪式的作用。例如，在革命先烈的纪念活动与仪式中，追忆先辈的光辉历史与精神，强化受教育者对先烈崇高品质的认知、认同，并逐步内化为其自觉的价值追求与道德操守。[2] 最后，运用各种媒介创新家风家教建设的载体和形式，拓展和丰富传播形式，以增强传播内容的吸引力和感染力，从而提高大众对家风家教传播和建设的认同度。2016年初，央视纪录片《家风》以古代著名家训为切入口，讲述了家风家教形成的历史脉络以及一个个家族对传统美德的执着追求，体现了中国人超越时代的家族凝聚力与责任感，播出后引发了强烈反响。《家风》使人们感受到中华民族生生不息的根脉和悠远绵长的文化根基，值得老中青少几代人共同学习。2017年，一档文化类谈话节目《家风中华》创新性地将传统家风家教文化的精髓与现代综艺有机融合在一起，展现出家风的重要性。节目通过寻找普通百姓，邀请参与者走上节目舞台，讲述发生在你我身边的动人家风家教故事，把家风家教传世的密码揭之于众。"三代从军志，五枚军功章"，第一位做客《家风中华》的嘉宾便带来了震撼人心的故事。他叫徐亮军，是明朝开国军事统帅徐达的后人，尚武、报国，感染、左右着这个人的生活态度。环境给一个人的影响，除有形的模仿以外，更重要的是无形的塑造。[3] 徐亮军的父亲徐萼南、长兄徐子军、他自己和他的两个儿子都是军人。在现场连线中，徐亮军戍守祖国边疆的二儿子徐帅春

---

[1] 吴潜涛，刘函池. 中华优秀传统家风的主要表征及其当代转换与发展 [J]. 中国高校社会科学，2018（1）：112-122，159.
[2] 赵杰. 优良家风在家庭教育中的传承与创新研究 [D]. 郑州：郑州轻工业学院，2018.
[3] 刘晓飞，廉武辉，刘小艳. 从"家风"建设看梁启超的"梁氏家教" [J]. 教育文化论坛，2016，8（2）：8-12.

坦言：从军深受家族影响。另一个来到节目现场的则是为人熟知的"跳水兄弟"何冲、何超家庭，他们通过不一样的方式秉持着爱国传家的精神信条。何氏兄弟出生在广东湛江，从小水性出众，在父亲的教导下，他们决心通过体育为国争光，实现"体育崛起"的中国梦。作为一档谈话类节目，《家风中华》的整体设计不可谓不用心。知名媒体人杨澜担任主持人，著名学者钱文忠教授担任文化嘉宾，一批优秀青年主持人联合组成家风观察团。整档节目给人的感觉是新颖的，是不同于以往单向的宣传说教的。《家风中华》通过一系列精巧的节目设计，真正营造了"对话交流"的氛围，构建起的是一场场关于"中华家风"的大论坛，整个节目极具互动感、参与感和沉浸感，让人能说话、想说话、有话说。

5. 环境资源的抉择与营造体系的耦合

家风家教很重要的一环即环境资源，其传统与现代的耦合过程所表现的形式是其行为机理。

颜之推在《颜氏家训》中谈到环境对个体尤其是青少年的影响："人在年少，神情未定，所与款狎，熏渍陶染，言笑举动，无心于学，潜移暗化，自然似之。"这句话的意思是说，人在少年时代，品性还没有形成、固定，与亲近的人相处时，会受到他们的熏陶和影响，不知不觉中就会模仿他们的言行举止。要挖掘作为历史文化遗产的祠堂、家庙等建筑场所的环境资源，以其原本的建筑符号、器具物品、匾额楹联为载体，通过对其承载的价值理念和道德风尚进行现代的设计转换，凸显其具有时代价值的文化内涵。[1] 一方面，可以利用丰富多样的艺术形式，将优秀家风家教故事和价值理念作为素材和主题融入特定的建筑场所，使民众在潜移默化中接受优秀家风家教理念的浸润和熏陶；另一方面，可以在现代家庭等微观环境的设计中，融入家庭历史和家风家教传承的主题与元素，营造优秀家风家教浸润的氛围，彰显求

---

[1] 吴潜涛，刘函池. 中华优秀传统家风的主要表征及其当代转换与发展 [J]. 中国高校社会科学，2018（1）：112-122，159.

第五章 地域文化影响下家风家教传统性与现代性耦合的行为机理

美、和睦、友爱、平等、民主等家庭文化精神。① 具体来说,环境资源的内在与传统家风家教的耦合体现在以下几个方面。

(1)敬业爱国。"家是最小国,国是千万家。"自古以来,个人、家庭、社会、国家被看作一个整体,割裂任何一个环节都不完整。家庭的风气和国家治理发展之间必然相互影响。因此,无论是古代先贤,还是当代名人,其家庭教育中无不将对国家的热爱放在首位。② 在当代,爱国最好的表现形式就是敬业。敬业是爱国的基础和前提,爱国是敬业的升华和归宿。敬业与爱国相辅相成、互为支撑。如果说中华民族是以悠久历史而长居世界先进民族之林的话,那么敬业爱国则是铸就悠久历史的中坚力量。当前,倡导敬业爱国的优良家风越来越受到重视。

(2)民主平等。当代优秀家风家教吸收了民主平等这一现代社会价值取向。体现在家庭成员的关系上,一方面要合理维护父母或兄长作为"家长"的权威和威望,另一方面要尊重每个家庭成员的人格、尊严和权利,从而营造自由、宽松、有序、和谐的家庭氛围。③

(3)诚实守信。孔子说:"人而无信,不知其可也。"诚实守信自古以来就是为人处世的起码准则和底线,是每一位华夏儿女应该遵守的美德。④ 曾子践诺杀猪的故事是教子诚信的典型范例,曾子这一言传身教的家风家教实践一直被人们传颂到现在,告诉人们要信守承诺。⑤ 当今,中国特色社会主义进入新时代,我们越来越需要诚实守信的家庭风气和社会风气。要想使社会长久发展,就要做到守信做人,诚信做事,这是安身立命之根本。如今,社会上正在涌出越来越多的诚信人物。打开"信用中国"网站,我们可以看

---

① 吴潜涛,刘函池.中华优秀传统家风的主要表征及其当代转换与发展[J].中国高校社会科学,2018(1):112-122,159.
② 赵杰.优良家风在家庭教育中的传承与创新研究[D].郑州:郑州轻工业学院,2018.
③ 徐俊.当代优秀家风的时代内涵与培育路径[J].学习论坛,2015,31(9):64-68.
④ 李振刚.社会主义核心价值观引领下的现代家风构建[J].北华航天工业学院学报,2017,27(6):49-51.
⑤ 张琳,陈延斌.传承优秀家风:涵育社会主义核心价值观的有效路径[J].探索,2016(1):166-171.

到太多太多关于诚信的事例。例如，河北科技大学理工学院学生——廊坊男孩孟祥山创建了第一个"诚信驿站"；锦滨镇的党员金继虎信守承诺，养猪替儿子还债百万元；衢州市江金莲老人的一句"是我自己摔倒的"，喊出诚信的价值；郑州小儿郎公交车上演绎"一元钱诚信"，网友大赞，称其为"教科书式诚信"。

（4）廉洁无私。家风正，才能作风正、律己严、行得正。只有在良好家风家教的熏陶下，党员领导干部才能正确认识手中的权力，树立正确的权力观、政绩观、事业观，懂得权为民所用、情为民所系、利为民所谋，做到清正廉洁、自律无私、遵纪守法，并严格要求家属和身边的人。2015年10月18日，中共中央印发《中国共产党廉洁自律准则》，首次将廉洁齐家列为党员领导干部廉洁自律规范的重要内容之一。党的十八届六中全会通过的《关于新形势下党内政治生活的若干准则》对"保持清正廉洁的政治本色"问题提出了明确的要求。在实施全面从严治党的今天，注重家风家教建设对落实全面从严治党战略、营造清廉自律的党风、打造风清气正的政治生态具有极其重要的现实意义。[①] 2023年感动中国的人物有俞鸿儒、刘玲琍、孟二梅、张雨霏、杨华德、牛犇等。这些人物的事迹深深地感动了中国，对当前社会及每个社会成员有着深刻的引导、凝聚和激励作用。我们每一个中国人都应该为他们点赞和致敬。从根本上讲，他们的感人事迹和行为是由其内在的价值观决定的。

概括和总结中华家风家教的内容可以得出一个结论：无论是古代家风家教，还是现代家风家教，核心思想都指向了价值观问题，主要任务是培育和建构不同历史时期科学合理的价值观。价值观的作用极其重大，它是人的自我意识的核心，建构着个人的精神家园，回答着人生的价值和意义，引导、制约、规范着人的行为。

---

① 易新涛.全面从严治党要注重家风[J].中南民族大学学报（人文社会科学版），2016，36（6）：7-8.

三、地域文化的变迁及其独特性促使家风家教传统性与现代性的耦合

地域文化的变迁对家风家教传统性与现代性的耦合产生了深远影响。地域文化不仅承载着传统的价值观和习俗，还受到社会变革、经济发展和经济全球化的影响，呈现出动态的发展过程。在这一过程中，地域文化的独特性既是传统的宝贵财富，也需要适应现代社会的需求，以推动家风家教传统性与现代性的耦合。下面将从地域文化的变迁和独特性两个方面详细阐述。

（一）地域文化的变迁促进家风家教传统性与现代性的耦合

地域文化的变迁是家风家教传统性与现代性耦合的动力之一。随着社会的发展和变革，地域文化也在不断演变，传统的家庭观念、道德准则等受到新思潮和社会结构变化的挑战。这种变迁既包括家庭角色的重新定义，也包括家庭成员在社会中的角色与责任的变化。例如，传统上强调男女角色分工的地域文化可能面临性别平等观念的冲击，这将影响到家庭成员在家庭中的互动和责任分担。地域文化在现代社会中经历着深刻的变革，这直接影响到家庭内部的家风家教传承。

地域文化在现代社会经历深刻变革，对家庭内部的家风家教传承产生直接而深远的影响。这种变迁不局限于性别角色的重新定义，还包括家庭成员在社会中的新角色和责任。传统的地域文化观念可能与现代社会的多元性和包容性相冲突，因此家庭需要适应这些新观念，以保持传统与现代的平衡。首先，地域文化的性别角色观念正在经历重新定义。传统上，地域文化可能强调男女在家庭中的不同角色和责任，但现代社会倡导性别平等和包容。这使得家庭需要重新审视性别角色的分工，以适应现代社会对性别平等的追求。其次，家庭成员在社会中的新角色和责任是地域文化变迁的重要方面。传统的地域文化可能设定了明确的社会期望，但现代社会的多元性使得家庭成员面临更广泛、更复杂的社会责任。这需要家庭适应新的社会期望，培养家庭成员更强的适应力和社会责任感。通过适应性和灵活性，家庭可以更好地继承传统价值观，同时融入现代社会的潮流。这并不是简单地取代传统，

而是在传承中创新,形成传统与现代的有机结合。

(二)地域文化的独特性促进家风家教传统性与现代性的耦合

每个地域文化都拥有独特的价值观、传统习俗和文化符号,这些特质构成了地域文化的独特性。在家风家教的传承过程中,地域文化的独特性不仅是一种传统的财富,还是现代社会中家庭彰显自身特色的基础。首先,地域文化的独特性作为传统的财富,承载了丰富的历史和文化传统。这些传统包括家庭价值观、道德准则以及特有的习俗等,为家风家教提供了坚实的传统基础。通过传承这些独特的传统,家庭能够在现代社会中保持传统文化的独有性,形成与其他家庭的差异化。其次,地域文化的独特性在现代社会中成为家庭彰显自身特色的基础。不同地域文化的独特性使得每个家庭都可以在传统的基础上进行创新和发展,形成具有特色的家风家教。例如,某地域文化强调家族团结和尊重长辈,家庭可以在这一传统基础上结合现代生活方式,打造出既传统又符合现代需求的家庭文化。家庭在传承地域文化时,要善于挖掘和弘扬地域文化的独特性,以实现传统与现代的有机结合。这意味着家庭不仅要传承地域文化的传统元素,还需要在这一基础上进行创新,将独特性融入现代家庭生活。

第六章 地域文化影响下家风家教的传统性与现代性耦合机制

一、地域传统家风家教传承方式与社会主义核心价值观耦合机制

（一）优秀传统文化是社会主义核心价值观和家风家教的共同来源

无论是社会主义核心价值观，还是优秀家风家教的内涵，都来自中华优秀传统文化。习近平总书记在中共中央政治局第十三次集体学习中曾强调："要认真汲取中华优秀传统文化的思想精华和道德精髓，大力弘扬以爱国主义为核心的民族精神和以改革创新为核心的时代精神，深入挖掘和阐发中华优秀传统文化讲仁爱、重民本、守诚信、崇正义、尚和合、求大同的时代价值，使中华优秀传统文化成为涵养社会主义核心价值观的重要源泉。"优秀传统文化和时代相结合产生了社会主义核心价值观，和家庭的教育理念相结合产生了优秀的家风家教。传统文化中传承的优秀思想内涵也能在家风家教和社会主义核心价值观中找到。

1.重孝道精神

中华文化博大精深、源远流长孝不仅影响着人们的思想，还影响着人们的行为，成为判断人们行为的德行标准。《说文解字》中对孝做了解释："孝，善事父母者。从老省，从子，子承老也。"后孔子把孝的内涵由"养"扩大到"敬"："今之孝者，是谓能养。至于犬马，皆能有养；不敬，何以

别乎？"[1]儒家把孝由家庭推广到社会，如"忠孝一体""君子之事亲孝，故忠可移于君；事兄悌，故顺可移于长；居家理，故治可移于官"[2]，把维护宗法血亲关系同维护封建等级制度联系起来，使"孝"成为维系家族与政治的伦理纽带。孟子提出了"老吾老以及人之老，幼吾幼以及人之幼"[3]的观点，并进一步指出"天下之本在国，国之本在家，家之本在身""人人亲其亲、长其长，而天下平"[4]。孝在维系家族的稳定和社会的稳定中起着重要的作用，孔子推行孝德"为政"，认为一个人在家孝顺父母，在朝就能忠君，即"孝慈则忠"，孔子推行的孝是理智的"孝"，而非愚孝。孔子的孝德思想为以后的儒家思想继承者所发展，《孝经》中把孝看作至高无上的道德原则，把孝作为道德教育的重要内容，甚至用刑法来监督孝的实行，统治者更是以身作则。中国传统文化中的孝包含养老、敬老，有理智的人类所追求的美好的"孝"，也有被统治阶级利用巩固其统治的"忠君尊王"。传统文化中的"孝"是现代家风家教中"孝"的根源，现代家风家教中的"孝"抛弃了传统文化中的"愚忠愚孝"，使孝文化与时代相结合，主张父母子女之间的平等关系和相互的责任和义务，孝也成为现代家风家教的重要内容。孝文化有助于实现幼有所养与老有所依、老有所终，有利于促进家庭的团结和社会的和谐与安定。

2. 重爱国主义

爱国主义是传统文化非常重要的一部分，爱国主义被融入学校教育和家庭教育，培养子女的爱国主义意识、责任意识及廉洁奉公的精神，成为家庭教育重要的一部分。传统文化中流传着很多关于爱国主义的故事和爱国人物，如大禹治水三过家门而不入；周文王、周武王、周公为处理周朝事务、安定天下，常常通宵达旦、宵衣旰食；"鞠躬尽瘁，死而后已"是三国时期诸葛亮《出师表》的名言，他把自己的生命和全部都贡献给了蜀国；"先天下

---

[1] 杨伯峻. 论语译注 [M]. 北京：中华书局，1980：14.
[2] 汪受宽. 孝经译注 [M]. 上海：上海古籍出版社，1998：68.
[3] 杨伯峻. 孟子译注 [M]. 北京：中华书局，1980：16.
[4] 杨伯峻. 孟子译注 [M]. 北京：中华书局，1980：167.

第六章 地域文化影响下家风家教的传统性与现代性耦合机制

之忧而忧,后天下之乐而乐"是范仲淹一生的写照,王安石称其为"一世之师,由初起终,名节无疵",他修筑水利,疏浚河流,以"犹济疮痍十万民"的信念抗洪救灾,《宋史》对范仲淹有一段佳评:"自古一代帝王之兴,必有一代名世之臣。宋有仲淹诸贤,无愧乎此。仲淹初在制中,遗宰相书,极论天下事,他日为政,尽行其言……豪杰自知之审,类如是乎!考其当朝,虽不能久,然先忧后乐之志,海内固已信其有弘毅之器,足任斯责,使究其所欲为,岂让古人哉!"在古代,爱国具有狭隘性,爱国等同于忠君,《诗经·北山》中说:"普天之下,莫非王土;率土之滨,莫非王臣。"普天之下都是王土,四海皆是王臣,所以爱国和忠君是等同的。传统文化中的这些爱国主义意识和精神被融入家风家教,道德楷模、经世能人都离不开优良的家庭教育和家风的熏陶,而家庭成员的成功与失败也关系着家族的兴旺发达与没落衰退。当代社会主义核心价值观中的"爱国""敬业"是传统文化中爱国精神和时代结合的产物,是对传统文化中的爱国主义的继承和发扬。

3. 重诚实守信

传统文化把追求诚信当成价值目标之一,《论语》中多次提到了诚信,孔子的徒弟曾子称:"吾日三省吾身:为人谋而不忠乎?与朋友交而不信乎?传不习乎?"从这句话可以看出"敬事而信"的治理国家的理念,"谨而信"的为人子弟的态度,"言而有信"的与朋友交往的原则。人没有信用就像车上没有輗和軏,即"人而无信,不知其可也。大车无輗,小车无軏,其何以行之哉?"《中庸》中说:"诚者,天之道也;诚之者,人之道也。"这里从道德的角度把诚提高到很高的境界,诚被称为万物之本,"大哉乾元,万物资始,诚之源也"①。孟子将"诚"视为沟通"天道"与"人道"的桥梁,认为诚不仅是自然界的生存法则,还是人生存的法则。传统诚信观的本体论基础是心性论,人的心性问题是中国哲学探讨的关键,"人的心性活动在社会发展历程中的恰当位置及其功能,是中国传统文化的一大特征"②。钱

---

① 周敦颐.周敦颐集[M].谭松林,尹红,整理.长沙:岳麓书社,2002:15.
② 杨全国.传统文化的心性论[J].柴达木开发研究,2008(1):50-52.

穆先生曾说:"西方文化的最高精神境界是外倾的宗教精神,中国文化的最高精神是内倾的道德精神。"[1]中国的心性哲学强调通过加强内在修养达到"心""性""天"融为一体的超高境界,实现内在的自我超越。"诚"乃心性论中的重要范畴,是中国哲学构建理论框架的基石。《中庸》将"诚"的思想扩展为一个由内向外、由己及人、由人到物进而达天地的发散过程。诚信是中国传统文化思想的道德前提,儒家思想的核心是"仁",孔子认为"仁"即爱人,爱人就是要诚心诚意地爱,虚假爱不是真正的爱,以诚心守善的态度达到"亲亲、仁民、爱物",即行仁的极致。儒家文化中的礼是维护社会的规则,礼本身也是一种诚信。道教主张道法自然,"人法地,地法天,天法道,道法自然",人们以自然态度对待自然、他人和自我,这种"自然"即以"诚"之心对待外物和人事,并真诚地对待自己的内心。佛教认为"心诚则灵""诸恶莫作,众善奉行。自净其意,是诸佛教",只有保持真诚之心,坚持善良的信念,才能净化内心,做到心中坦然。诚信是内圣外王的功能统一,"中国传统诚信观是立足于个体修养的'内圣'基础上的'外王'之用,不仅是个人的道德境界追求,也具有经世致用的现实意义"[2]。在中国传统的哲学中,诚信是贯穿个体、社会、国家三个层面的核心价值。在为学方面,为学的目的是诚心诚意以修身,为学的态度是实事求是、严谨求真,为学的内容是诚实守信,孔子将诚信看成为学者的基本要求,把诚信看成达到最高境界"仁"的主要途径。在为政方面,诚信是治国的基本方略,统治者首先以身作则守诚信,方能取信于民,以民为本、取信于民方能得到人民的支持。在为商方面,儒家思想"信德"的商人在经商实践中将"信德"放在首位,注重声誉和诚信,要求每一代人恪守、发扬并流传下去,把商号做成了百年老店。重诚信是中国传统文化的重要特征之一,这种诚信的内涵深入家风家教并流传下来,传统文化中的诚信也成为社会主义核心价值观中

---

[1] 辛华,任菁.内在超越之路:余英时新儒学论著辑要[M].北京:中国广播电视出版社,1992:7.
[2] 杨华,杨玉垚.诚信观的传统思想资源及其现代阐释[J].决策与信息,2022(3):35-43.

"诚信"的重要来源。

4.重和谐统一

中国人特别注重和谐,注重人与人的和谐、人与社会的和谐、自身的和谐。在中国传统文化中,关于和谐的论述很多。《国语·郑语》中提道:"和实生物,同则不继。以他平他谓之和,故能丰长而物归之;若以同裨同,尽乃弃矣。"认为万事万物和谐才能共生,达到平衡。这里的和谐包含朴素的辩证法,和谐不是完全一致,而是"和而不同""求同存异",是矛盾双方处于一个有序的统一体中,是矛盾双方注重统一、注重调和,从而达到双方共赢的状态。以和为贵是中国人处理各种关系所尊崇的理念,和谐社会也是历史上中国人所追求的一种理想社会。《礼记·礼运》中描绘的理想社会是"大道之行也,天下为公,选贤与能,讲信修睦"。儒家所追求的理想大同社会是"人不独亲其亲,不独子其子,使老有所终,壮有所用,幼有所长,鳏寡孤独废疾者皆有所养,男有分,女有归",这种大同社会在当时条件下是不可能实现的,只能是一种理想追求,一种文化心理,这种文化心理影响着中国人的思维和行为。《论语·学而》中说:"礼之用,和为贵。先王之道,斯为美;小大由之。"认为社会治理的最高境界是和谐,今天实现"学有所教、劳有所得、病有所医、老有所养、住有所居"是建设中国特色社会主义的重要价值目标。追求和谐不仅是优秀家风家教所应有的内涵,还是社会主义核心价值观中"和谐"的重要组成部分。

(二)以地域为依托的社会主义核心价值观和优秀家风家教传承耦合机制

社会主义核心价值观和优秀家风家教的耦合是在一定的区域文化背景下形成的,这一耦合需要一定的机制,这些机制能够促进传统文化在新时代的继承,促进传统文化与社会主义核心价值观的融合,体现地域文化的特点。

1.优秀传统家训文化资源挖掘整理机制

传统家训文化是传统文化的一部分,流传至今的传统家训资源有文字记录的,也有口头流传的,有帝王将相的家训、名臣家训,也有平民百姓的家训，内容关于修身、治家、立世、治学、为官等。流传下来的形式不一而足，有完整的家训文字记录，有书信、诗词、散文，有遗言、遗迹、遗物。其范围涉及族规、族法、家训、家规、家法、乡规、乡法等。家训资源的时间跨度大，内容丰富，是中华优秀传统文化中一颗璀璨的明珠。家训在历史上对人才培养的影响很大，很多历史名人出自名门，而这些名门家族多有一套家规、家训或家法，这些家规、家训或家法一代代地传承下去，使这些名门望族人才辈出。今天应该有一种机制使这些家规、家训或家法被充分挖掘，和新时代紧密结合而被继承下来，丰富家风家教的内容，培养更多优秀的人才。目前关于家训教材有论著、通俗读物，但是关于家风家训的教材还不是很多。开发家风家训教材可以以全国范围内的名人家风家训为背景，也可以以地域性的名人家风家训为背景，地域性的名人家风家训带有强烈的地域色彩，更有地域特点，容易被传承、被接受。地域性的家风家训教材可以介绍本地域的名门望族家风家训，介绍他们的家风家训优秀内涵，介绍为什么这些名门望族会出现如此多的名人，以供人们在进行家风传承时借鉴和思考。除了研究名人家风家训，也可以挖掘整理普通大众的家风家训。挖掘整理家风家训资源可以从家风家训的内容分类入手，可以从"修身、治家、立世、治学、为官"的角度入手，也可以从家风家训与时代价值的角度入手，还可以以时间顺序进行开发。家风家训教材的挖掘整理要有一定的机制保证，这种机制应该由政府部门牵头，相应的专家来承担最终教材挖掘整理出来后的宣传和使用责任，这应该是一个系统工程。开发优秀地方家风家训资源要结合地域文化，以地域文化为依托来挖掘和整理，并以地域文化传承的方式传承下来，并且家风家训要和社会主义核心价值观密切结合。家风家教的传承和社会主义核心价值观的传承是统一的，优秀家风家教的内容和社会主义核心价值观的内涵是一致的。

2. 以社会主义核心价值观为依托的优秀传统家风家教文化传承机制

社会主义核心价值观是中国特色社会主义文化的核心，是当代各种思潮和精神的引领。家风家教具有历史性和区域性，是从历史上传承下来的，因

第六章 地域文化影响下家风家教的传统性与现代性耦合机制

时代、区域、家族或家庭的不同而不同。家风家教和社会主义核心价值观有着共同的文化渊源，在当代有着共同的接收对象和共同的价值目标。家风家教在传承的过程中以社会主义核心价值观为方向引领，家风家教的传承和社会主义核心价值观的传承互相融合。优秀家风家教包含着社会主义核心价值观的内容，社会主义核心价值观被广大人民所认可和接受离不开家庭教育，家庭教育是培育和践行社会主义核心价值观的重要场所。家风从各个家庭中抽象出来汇聚到一起就成了社会风气，而社会主义核心价值观的传承也影响着家风家教的内容和形式。

家庭是社会的细胞，良好的家风家教能为社会培养更多的优秀人才。因此，家风家教不应该只是家庭的事情，政府也应该给予相应的干预和引导。政府是社会公共权力的代表，家风家教的传承需要政府政策的大力支持和积极引导机制。对于家风家教的传承，政府应该给予足够的重视，成立相应传承部门，并给予一定的资金保证。

第一，建立社会—家庭联动机制。社会对家庭的影响是一种方向引领，应通过社会主义核心价值观对家风家教进行思想引领，引领家风家教建设的正确方向。社会的需要是培养人才的重要推动力，社会主义核心价值观下培养人才的需要是家风家教建设的重要推动力。社会—家庭联动方式，一是通过社会大环境对家风家教进行引领；二是通过相应的社会制度，健全家风家教建设的法律规章制度，推动家风家教建设相关部门的资源整合，增强党员干部的示范引领作用。

第二，建立学校—家庭联动机制。通过建立家校沟通机制，以学校带动家风家教的传承，将家庭教育指导服务作为学校工作的重要任务，纳入师资培训和教师考核工作，培养引进社工人才，建立工作室，做到有师资队伍、有教学计划、有指导教材或大纲、有活动开展、有成效评估。目前，很多区域的中小学和幼儿园都会开设一些相应的家长课程，邀请一些比较有名气的专家开展讲座，讲座的形式有线下的和线上的，这些讲座的针对性强，对家长的帮助也很大。大学开设家庭伦理道德课程是促进家风家教传承的重要手段，学校和家庭的联动主要通过培养更加优秀的家长来传承优秀的家风家教，可以说家长的榜样示范作用是良好家风家教形成的基础。

第三，建立社区（居委会）—家庭联动机制。将家庭教育指导服务作为城乡社区服务站工作的重要内容，纳入城乡社区公共服务体系，逐步构建政府主导、社会协同、公众参与的普惠性的家庭教育公共服务模式。可以建立社区代家长制度，使社区发挥代家长的作用，把社区看成一个大家庭，社区的区风就相当于家风。在农村，居委会可以发挥代家长的作用。农村村庄比较小，各村户之间联系紧密，甚至有着相同的血脉，一个村落的居民往上追溯甚至有着共同的祖先。一个村庄相当于一个大的家族，村风相当于家风，良好的村风是孩子成才重要的推手。要发挥社区（居委会）代家长的作用，首先需要政府设立相关的机构和从业人员，细化社区工作者的分工，使社区工作者的工作更加专业化；其次是社区（居委会）和社区工作者要和家长进行沟通，取得家长的信任和授权；最后要吸引大量的专业教育者进行社区和居委会的代家长工作，需要政府设立相关的机构，并有相应的政策和资金的保障。

第四，专家—家庭联动机制。借助专家推动优秀家风家教的传承，如可以借助互联网平台进行网上授课，邀请一些专家进行直播或上传视频，一对一地解决家长存在的关于家风家教的问题。专家讲座也可以是线下针对性的讲座，如学校或社区组织相应的讲座，对家庭教育有问题的学生进行一对一的开导。政府还应该设立相应的部门，组建相应的团队，培养更多的家风家教类的专家。

第五，名门望族—家庭联动机制。名门望族在地方的影响深而久远，并且对本地域的人来说，身边的榜样更容易被效仿、被传颂。各地域的地方政府应该充分利用本地域的名门望族，挖掘整理和开发各地域的名门望族的优秀资源，推动名门望族的优秀家风家教的渗透和熏陶，发挥名门望族在各个地域的榜样示范作用。每一个地域在历史上或者是在当下都有一些名门望族，这些名门望族或者有自己完整的家风家训遗留下来，或者家风家教通过人物传记、地方志、故居或其他文字记录、传说等形式流传下来。地方政府应该通过相应的机制，保证这些名门望族优秀的家风家训被挖掘和整理出来,并被大力宣传。对于当代的优秀人才,政府应该组织相应的专家学者对其成长的家庭环境等进行研究,找出家风家教对优秀人才成长的重要作用,提高家长对家风家教重要性的认识,从而推动优秀家风家教的建设。

3. 优秀传统家风家教文化和地域文化的融合机制

第一,优秀家风家教内涵和地域文化内涵相互嵌入机制。地域文化影响着家风家教,家风家教影响着人才的成长。习近平总书记在中共中央政治局第十三次集体学习时强调:"一种价值观要真正发挥作用,必须融入社会生活,让人们在实践中感知它、领悟它。要注意把我们所提倡的与人们日常生活紧密联系起来,在落细、落小、落实上下功夫。"地域文化所传递的价值观和思想都要通过家风家教传承,优秀家风家教的内涵中应该包括地域文化的优秀内容。家风家教是在一定地域文化的影响下产生的,地域精神影响着家风家教,如地处江南的越人(古浙江人)因为靠近大江大海,地下水位较高不能穴居而创造了全新的建筑方式——干栏式建筑;古越先民不断迁徙,而这种不断迁徙的生存方式使古越先民个性自由,善于革新自己的观念,这种革新精神深入浙江家风家教,培养了很多具有创新精神的浙江人。到了近代,在这种开拓创新精神熏陶下的浙江人较其他地区的中国人早一步迈出国门。学习西方的先进技术和思想,并在这种思想的熏陶下,积极投入变革社会,反对清王朝、推翻封建专制的革命,陶成章、秋瑾、徐锡麟就是他们中的典型代表。浙商精神名满全国,在浙江思想文化史上,重视理论思辨,又强调实际"效应",主张"崇实知""实事疾妄"的王充的务实思想;叶适认为应"务实而不务虚";朱舜水力举"学问之道,贵在实行""圣贤之学,俱在践履";黄宗羲提出"经世致用",这些主张都反映了浙江人的务实品质。浙江思想中的求真务实、义利合一、理想相容、崇尚工商的精神对浙江家风家教的影响非常大,在这种思想的影响下,选择经商的浙江人非常多,也成就了一大批优秀的浙江商人。地处中原的河南在历史上成就了很多伟人,成为成大事业、成大成就的风水宝地。中原文化中包含儒家思想和老庄思想的基本内核,并吸纳诸子百家的合理因素。中原文化精神的核心是"有容乃大"的天下精神、"天人合一"的和谐精神、"自强不息"的奋斗精神、

"和而不同"的兼容精神、"精忠报国"的爱国精神、"中庸兼爱"的宽厚精神、"恋家念祖"的内聚精神等。中原文化精神实际上也是中华优秀传统文化的集中体现。[①] 中原文化的这种精神影响着一代代人的家风家教，也通过家风家教影响了人才的成长。家风家教是地域文化的重要组成部分，一个区域群体的理论和实践，在长期的历史积淀过程中，便成了这个区域的文化与精神。地域文化是由地域内人民的理论和实践在长期的历史积淀中形成的，家风家教是地域文化的重要组成部分。在提到一个地域时，人们往往会说这里民风淳朴、人民智慧勇敢，这里的"民风淳朴、智慧勇敢"也是对家风的形容。家风家教和地域文化融合能够更好地推动家风家教的传承、发展和建设。优秀传统家风家教和地域文化的融合需要一定的机制。地域文化应该融入家风家教，引导家风家教的方向，地域的家风家教应该被挖掘、被整理出来，成为地域文化的一部分。

第二，家风家教资源的挖掘、传承和地域文化的开发、传承相融合的机制。首先，构建以良好的地域文化教育生态为依托的家风家教传承机制。教育人类学认为，"教育是文化的一种'生命机制'，文化的传承离不开教育，文化的保存、延续和发展有赖于教育的传承、沟通与创新"[②]。地域文化的发展立足于整体社会发展的大环境，以服务地域民众为出发点。地方政府应该系统整合各地域文化传承发展的教育基因，发展各种元素整合的立体的教育生态，以学校教育为依托，延伸到家庭教育和社区教育，并积极发挥信息时代的信息传播优势，发展数字媒体技术、文化产业。构建良好的教育生态是传承地域文化的基础，地域文化传承的过程中也承载着对家风家教的传承，应以地域文化传承为依托和助力，推动家风家教的传承。其次，构建以地域文化为依托的家风家教遗产保护机制。地域文化包括精神理念和物质载体，系统的教育是传承地域文化的重要基础，但是地域文化的物质载体随着时代的变化容易被破坏，因此政府需要一种机制系统地对地域文化的载体进行保

---

① 张新斌. 中原文化解读 [M]. 郑州：文心出版社，2007：6.
② 于影丽，毛菊. 乡村教育与乡村文化研究：回顾与反思 [J]. 教育理论与实践，2011，31（22）：12-15.

第六章　地域文化影响下家风家教的传统性与现代性耦合机制

护，如对地域濒危的文物进行修复，防止因拆建破坏一些具有地方特色的建筑，维护和修复具有地方特色的建筑和文化，在开发的同时保护好各地方的名人故居等家风家教历史痕迹、家风家训文字记录等。同时，应对各地域具有地域特色的历史文化遗产进行保护，如对各地方的戏曲和民间艺术进行保护，通过翻译、出版等方式保护和推广少数民族的语言文字、民族地域音乐、民间地域文学和经典文献，保护各地域的体育项目。在构建地域文化遗产保护机制的同时，挖掘、整理和保护家风家教，因为家风家教遗产保护机制是地域文化遗产保护机制的组成部分，应以地域文化遗产保护为依托促进家风家教的传承。最后，构建以地域文化为背景的融入社会生活的家风家教传承机制。家风家教是一个家庭在长期实践过程中抽象出来的精神产品，家风家教的代际传承也是通过日常生产生活进行的。家风家教要以地域文化为背景，通过生产生活进行传承和发展。例如，在传统节日上，保护富有特色的地域节日并弘扬其价值，挖掘其包含的家风家教的内容，在饮食和服饰上把各地域的特色和时代特征相结合。饮食和服饰既是生活实践中不可缺少的物质，也是精神理念的物质载体，日常生活中的饮食和服饰既传递着地域文化的内涵，也传递着家风家教的内容。文化旅游和文化展览也是融入社会生活的地域文化的重要传承方式，可以充分利用地域文化资源，规划设计富有地方特色的旅游路线和旅游景观，使地域文化和家风家教的传承与日常休闲生活相结合。

二、地域传统家风家教传承方式与新媒体技术耦合机制

（一）传统家风家教的传承方式

传统家风家教的传承方式主要有言传身教、文本训诫、环境熏陶等形式，家风家教的传承方式和当时的经济基础是相对应的。

1. 言传身教

在中国古代，祖孙几代甚至一个大家族生活在一起，为了使家族兴旺，族人非常重视家庭教育，而家庭教育往往由德高望重的族人来担任，从事家

庭教育的族人除了定期进行知识教育和品德教育，还要通过言传身教对其子孙进行教育。古人认为身教和言教在后辈的成长中具有双管齐下的作用，而身教重于言教，在教育子女的过程中，父母长辈要以身作则。司马光在《居家杂仪》中指出："凡为家长，必谨守礼法，以御群子第及家众。""曾参杀彘"的故事通过家长给孩子树立言而有信的榜样来说明身教的重要性。被称为"江南第一家"的郑氏家族以孝义治家，出现了很多大孝子，也有很多关于郑氏家族中孝子的故事流传下来。郑氏家风中的孝义正是通过一个个孝义的典范被传承了下来。古代信息闭塞，长辈具有绝对的权力，晚辈对长辈是服从和仰视的关系。在一个大家族中，那些德高望重的族人的言行举止对族人的影响更大。魏晋时代的谢氏家族在谢尚、谢奕和谢万担任豫州刺史之时，由谢安担负教育子侄的重任，形成了谢氏由家族长辈带领晚辈讲论文义的家庭聚会模式，谢安的观念、行为对谢氏家风的传承和发展起到重要的作用，并为谢氏家族培养了大量的优秀人才。当代家庭结构发生了巨大的变化，家族同居现象很少，家庭结构越来越简单，这种情况下家族中的其他人对子女的影响减弱，主要是祖辈和父母对子女的言传身教。

2. 文本训诫

我国古代家风主要通过家训、家规、家书以及谱牒进行传承，也有一些通过世代的口头相传而传承下来。本书研究家风家教更多的是通过这些流传下来的文字记录。历朝历代都有名门望族把家风家教以文字的形式记录下来，以教育和警训后代。被称为"江南第一家"的郑氏家族的家训《郑氏规范》在传统的家训中具有里程碑的意义。《郑氏规范》是郑氏历代子孙经过创制、修订、增删逐步形成的多达168条的家训，内容涉及冠婚丧祭、子孙教育、生活学习、家政管理，堪称家庭管理的规范。著名的《了凡四训》是袁了凡留给儿子袁天启的家训，袁了凡69岁时写了4篇短文留给儿子，目的是教育儿子，因此取名为《训子文》。《了凡四训》教育其后人认识命运的真相，明辨善恶的标准，行善积德，对其袁世子孙及后世的影响很大。南宋理学家何基及其后人编著了《何氏家训》，内容涉及冠婚丧祭、祭祀礼仪、子孙教育、学业生活、为人处世等，在《何氏家训》的训

第六章　地域文化影响下家风家教的传统性与现代性耦合机制

诫下，何氏家族自何基之后，先后出了九名进士，以及数十名举人、贡生、秀才，何氏三杰何炳松、何德奎、何炳棣就是近代以来的著名人物，《何氏家训》对其子孙的训诫也使何氏成为江南望族。东晋时期著名的书圣王羲之出自著名世家望族——琅琊王氏，琅琊王氏代代有家规家训流传。王羲之的家训仅有24字："上治下治，敬宗睦族；执事有恪，厥功为懋；敦厚退让，积善余庆。"这24字家训从治国开始，最后落实到做人，要求其子孙以"和""孝""规""学""义"作为为人处世的核心理念。除了这24字家训，《金庭王氏族谱》"凡例"一节还载有26条族规，这些家训使王氏家族兴旺发达并成为名门望族，而其家风家教也被代代传承下来。

3. 环境熏陶

影响子女成才的环境分为社会环境和家庭环境，如郑氏家风在儒家文化底蕴丰厚的浦江形成，儒家文化盛行是郑氏孝义家风形成的大的社会环境。传统家风家教十分重视家庭环境对孩子的影响，家庭环境对人思想品德的形成起着非常重要的作用。关于环境对人的影响的故事有很多，"孟母三迁"的故事说明了环境对子女成长的重要作用。传统家风家教重视营造良好的家庭环境，把祠堂、家庙、中堂等建筑视为传统家族文化的象征符号，通过悬挂先辈画像、张贴家训家规、陈设天地君亲师位等方式营造浓厚的继志叙事、敬宗睦族的环境氛围，现存的很多名人故居都能看到悬挂的先辈画像和张贴的家训家规。环境熏陶还体现在注重发挥匾额、楹联的教化功能，也注重体现吉庆祥和的生活情趣，以培养族众平和雍容的心境、健康美好的情感和积极向上的人生态度。传统家风家教文化通过传统节日营造"重亲情""知礼节""重孝义"的氛围，以对后代产生潜移默化的影响。

传统家风家教的传承方式主要有以上三种，这三种方式和传统信息技术不发达相适应。随着科技的发展和现代化的到来，以上三种传统家风家教的传承方式应该和现代技术相结合。中国的现代化并不是消极摧毁对传统，而是积极地去发掘如何使传统成为获致当代中国目标的发酵剂，也即如何使传统发生正面的功能。

（二）现代技术促进地域优良家风家教的传承机制

1. 新媒体技术促使优秀传统家风家教传承方式形象化的机制

新时代既要继承传统的传承方式，也要把传统的家风家教的传承方式和现代技术相结合。网络新媒体技术是现代技术的重要标志，网络新媒体技术传承，就是指通过互联网和新媒体向用户提供传统家风家教文化信息，以帮助人们了解传统家风家教文化的思想理念、道德规范以及重要价值，从而促进传统家风家教文化传承发展。[①] 网络新媒体可以依托音频、视频、动画、图片、文字、数据、虚拟场景等多种形式传承家风家教，丰富了家风家教的传承方式，这种传播方式有助于综合调动受教育者的视觉、听觉、触觉，对青少年更有吸引力。传统的家风家教的传承方式中的言传和文本训诫是以说教的形式传承家风家教的，对青少年来说无疑是缺乏吸引力的，如果能借助新媒体技术，把言传和文本训诫的内容以动画的形式展现在青少年面前，把枯燥的内容生动形象地展现出来，便会大大增强家风家教传承方式的形象化。传统家训中，文本大多是文言文或半文言文，晦涩难懂，借助新媒体虚拟场景还原家训文本内容背后的故事，介绍文本内容的内涵，对青少年来说更具吸引力。

2. 新媒体技术促使家风家教传承网络化的机制

习近平总书记强调："互联网是传播人类优秀文化、弘扬正能量的重要载体。"[②] 新媒体具有传统媒介所没有的优点，传统媒介如电视、广播、报纸是自上而下以教育者或传播者为中心的单向度传播，这种方式忽略了接受信息者的感受和接受程度，而新媒体突破了传统媒介的局限性，通过微博、微信、短视频、直播等形式，使传播信息者和接受信息者双方实现及时的信息交流。新媒体正在以自己的显著优势颠覆传统传播方式，成为尼古拉斯·尼葛洛庞帝口中的"传统媒介的掘墓人"[③]。新媒体以强大的传递信息的功能登

[①] 李淑敏. 中华优秀传统家训文化传承发展研究 [D]. 长春：吉林大学，2020.

[②] 习近平. 习近平谈治国理政（第二卷）[M]. 北京：外文出版社，2017：534.

[③] 尼葛洛庞帝. 数字化生存 [M].3 版. 胡泳，范海燕，译. 海口：海南出版社，1996：3.

上历史舞台,甚至改变了人们的生活方式,传统家风家教和新媒体的耦合是大势所趋。新媒体促进家风家教的网络化传播应该形成一种机制,这种机制首先需要统筹规划、搭建高效实用的网络教育平台,同时需要培养一批既熟悉网络又有很强的业务能力的家风家教从业者。其次,加强对网络平台的管理和监管。尽管互联网以及多种新媒体为人们的日常生活提供了诸多便利,但是新媒体毕竟是一种技术,这种技术只有被人类合理使用才能实现目标。应注重对新媒体的管理和监管,同时在家风家教传承的过程中注重传统手段和现代手段的结合,因为传统手段和现代手段在传承家风家教的过程中没有优劣之分。

3. 新媒体技术促使家风家教传播大众化的机制

在传统文化中,关于家风家教的记录多出自古代的一些名门望族,这些名门望族的家风家教以各种形式流传下来,而对平民百姓的家风家教的记录比较少。习近平总书记指出:"要认真汲取中华优秀传统文化的思想精华和道德精髓,大力弘扬以爱国主义为核心的民族精神和以改革创新为核心的时代精神,深入挖掘和阐发中华优秀传统文化讲仁爱、重民本、守诚信、崇正义、尚和合、求大同的时代价值,使中华优秀传统文化成为涵养社会主义核心价值观的重要源泉。要处理好继承和创造性发展的关系,重点做好创造性转化和创新性发展。"[①] 优秀的家风家教是中华优秀传统文化的重要组成部分,在传统家风家教的传承过程中,受技术条件的限制,家风家教的传播范围教狭窄主要为本家族或本地区内。在新媒体技术下,家风家教的传播范围较传统有很大的扩展。新媒体使信息的传播具有大众性,新媒体以音频、视频、动画、图片、虚拟场景等形式使青少年不仅能感受到身边的环境,还能受到更多的环境熏陶。名门望族的家风家教或者普通百姓的家风家教都能借助新媒体传递到千家万户,从而推动优秀家风家教被大众所接受。在新媒体促使家风家教大众化的过程中,需要注意以下几点。第一,注意家风家教内

---

① 新华社. 习近平在中共中央政治局第十三次集体学习时强调把培育和弘扬社会主义核心价值观作为凝魂聚气强基固本的基础工程[EB/OL].(2014-02-25)[2024-07-01]. https://www.gov.cn/ldhd/2014-02/25/content_2621669.htm.

容的整理。不仅要搜集整理历史上名门望族的家风家教,还要收集整理普通百姓的家风家教中的优秀内涵,将传统优秀家风家教与时代特征相结合,促使家风家教成为每一个家庭的独特标志。第二,注意家风家教内容传承的多样化。新媒体借助互联网,通过微博、微信、App等多种载体,以文字、图片、动画、视频、直播等多种形式进行信息传播,这些传播方式与急剧转型的社会、快速变迁的家庭结构和加速流动的人口的社会现实相适应,与热衷于新媒体交流的青年人的特点相适应,因此传统家风家教的传承要与新媒体相融合,利用新媒体促进家风家教的大众化。例如,可以通过微信群、朋友圈、视频和语音聊天加强家庭成员的联系,利用腾讯会议等各种网络会议平台定期召开家庭会议,发挥父辈的榜样示范作用,指导子辈一代形成良好的家风,并强化子辈一代的文化反哺作用,进而达到父辈和子辈良好的双向互动,共同塑造优良家风的良好效果。第三,注意对家风家教传播的引导。新媒体传播平台具有多样性,容易导致家风家教传播内容偏离优秀家风家教大众化的目标。新媒体传播信息的双向性,促使参与家风家教传播的人多样化,多样化的人群在传播家风家教的过程中容易导致传播的家风家教内容良莠不齐,容易造成内容的肤浅化和庸俗化,相关部门应该做好对多媒体网络的监管和建设,对于参与家风家教网络传播的个体要求实名制并做好舆论监管,对于上传到网络平台上的家风家教内容进行严格的审核和监管,聘请相关专家进行网上授课或直播,建立专家和网民的互动渠道,解决网民关于家风家教的一些问题,做好对网民传播家风家教的指导和引导。

三、地域传统家风家教传统性与现代性耦合的保障机制

制度化传承是优秀传统文化传承的核心方式。它是指在一定社会历史条件下,文化形成了法规、礼俗等规制,进入了社会治理的范围,由此使得文化以制度的方式或得到政治的庇佑而得以传承。在传统文化的传承中,儒家文化的良好传承得益于儒家文化的制度化,"'儒家制度化'是通过孔子的圣人化、儒家文献的经学化和科举制度等一系列制度设计来保证儒家的独尊地

位及其与权力之间的联系"[①]。儒家文化在制度的保障下得到了良好的传承，文化进入制度层面，制度冠以文化之名，使文化和制度双赢。儒家文化的制度化使得儒家文化在意识形态中占据主流。依靠制度的强制力进行文化传承是一种有效和稳定的文化传承模式。然而时代在发展，获得国家层面的制度支持和保障对促进良好家风家教的传承具有非常重要的意义。

（一）人才保障机制

人才队伍建设是促进家风家教传统性与现代性耦合的重要推手，科学、长效、规范的家风家教建设人才保障机制是推动家风家教建设的必要保障。第一，培养优秀的家风家教人才。优良的家风家教建设首先需要培养优秀的家长，而优秀家长的培养需要纳入我国人才培养的计划，应从早期传统家风家教的课程深入各大高校，开设相应的家风家教课程。第二，专业人才的培养。刘易斯·科塞（Lewis Coser）指出："知识分子为思想而活，而不是靠思想生活。"[②] 家风家教专业人才最基本的职能是作为家风家教思想的创造者、护卫者与记述者。社会的需要是家风家教专业人才培养的重要助推力。家风家教专业人才可以是进行家风家训资源的挖掘、整理和传播的人才，也可以是进入基层对家庭进行相应指导的人才，还可以是以学校为平台对家长进行家庭教育以及对家风形成进行指导和引导的人才。总之，既要培养专业型的领军人才，也要培养基层的工作人员。第三，引进专业的家风家教人才。人才引进政策和人才培养是相对应的，社会需要什么人才，学校就应该培养什么人才。人才引进政策对人才培养起到导向作用，除了培养一支专业型的人才队伍，也应该实施人才引进政策。

此外，人才激励机制也非常重要。有效的人才激励机制不仅能促进家风家教建设，还能壮大发展家风家教的志愿者和义工服务队伍，吸引更多的优秀人才投入家风家教的建设发展，为推动优秀家风家教建设注入新的血液。

---

① 干春松. 制度化儒家及其解体[M]. 北京：中国人民大学出版社，2003：2.
② COSER L A. Men of Ideas: A Sociologist's View[M]. New York: The Free Press, 1997: 13.

因此，要完善相关的激励机制，建立健全以培养、使用、激励、评价为主要内容的政策措施和制度保障，实施职业资格管理制度，加强对从业人员的规范管理，创新培训方式，注重培训实效，采用各种形式的人才培养方式，完善家风家教人才培养开发、评价发现、选拔任用、流动配置、激励保障机制；对家风家教人才实行职称评审制度，建立以业绩、品德、知识、能力及工作年限等多种要素同构的职称评审制度，创新人才工资制度，激发人才活力；建立奖励机制，定期表彰、奖励优秀工作者、先进集体及有重大科研成果的家风家教工作者。

（二）物质保障机制

家风家教建设的物质保障应该是多层次的物质保障系统。第一，完善优良家风家教建设的政府物质保障机制。家风家教的建设不应该是某一个家庭或家族的事情，一个个家庭的家风抽象成了社会风气，因此家风建设应该是由政府推动和引导并由全社会参与的大事情。家风家教物质保障首先应由中央政府和地方政府共同承担，在家风家教传承的过程中，资源配置、人力培养、宣传推广、课程建设等都需要资金和物质的保障，资金和物质的保障是家风家教建设的基础。在推进家风家教建设的过程中，政府应配备专业的人员、设立相应的部门，培养相应专家以及进行优秀家风家教推广，这些物力和人力是推进家风家教建设的前提。第二，完善优良家风家教建设的家庭物质保障机制。家风家教建设也是关系到每一个家庭的重要事情，因此应建立政府和家庭共同承担的物质保障机制，使家风家教建设有强大的物质保障系统。家庭共同承担物质保障，不仅减轻了政府的负担，还满足了不同家庭的不同需求。例如，需要专家指导的家庭可以有偿聘请专家指导，更有针对性。当然，对于需要专家指导却没有支付能力的家庭，政府应该给予帮助，派出专家无偿进行指导，这样就能让需要专家指导的家庭更好地得到保障。

（三）民约、家规、家训和法律保障机制

对于大众而言对于优秀传统文化的民间化传承的重点在于如何践行文化所昭示的伦理规范。传统上，重在把儒家文化的精神理念、伦理规范转化为

第六章 地域文化影响下家风家教的传统性与现代性耦合机制

乡规民约，生成社会的习惯法则。这些乡规民约就成了家风家教传承的保障。历代统治者都非常重视通过百姓的日常生活规范来传播主流价值观，因而制定了很多乡规民约并流传下来，如东汉应劭的著作《风俗通义》、北宋吕大钧编写的《吕氏乡约》《乡义》等。《吕氏乡约》提出："凡同约者，德业相劝、过失相规、礼俗相交、患难相恤。"另外，婚葬嫁娶等方方面面也有很多乡规民约，如《礼记·曲礼》记载了为人子之礼、长幼之礼、师徒之礼、进食之礼、侍坐之礼、乘驾之礼、祭祀之礼、居丧之礼等，另专门设有礼制规范的有《内则》《丧服小记》《问丧》《丧大记》《奔丧》《丧服四制》《祭法》《祭义》《祭统》《冠义》《乡饮酒义》《昏义》《聘义》《燕义》等。这些乡规民约促进了民间社会伦理秩序的建立，落实了伦理道德的传承，当然这些乡规民约中也包含很多家风家教的思想。

家风家教的最终落脚点是家庭教育，家训是家风家教传承的重要保障。关于家训的记录形式，前面已经提到过，有的有完整的家训文本，有的没有完整的家训文本，而是散落在其他文字记录中或者以家书的形式记录下来。例如，韦玄成的《戒子孙诗》、司马谈的《遗训》、刘向的《诫子歆书》、崔瑗的《遗令子实》、陈寔的《训子》、郑玄的《戒子益恩书》、诸葛亮的《诫子书》等都是一些比较出名的家训。也有一些普通人家的禁忌和规范，只是普通人家的家训往往没有翔实的文字记录，靠的是代代相传。在古代，女子的地位很低，社会对女性的约束很多，还有专门针对女子的训诫书，这些可以看成大众化的家训。汉代开始出现专门的女训书，如刘向的《列女传》、班昭的《女诫》、荀爽的《女诫》、蔡邕的《女训》等。这些家训有效地保障了家风家教的传承，虽然有些家训在现在看来已经不合时宜了，但是这些家训在传承家风家教的过程中起着非常重要的作用。家训是家风家教传承和传播的重要保障，因为有了成文的家训，家风家教的传承才更有效，后代才能了解到几千年来那些优秀的家风家教。因此，把优秀的家风家教以家训的形式记录下来对家风家教的传承起到很好的保障作用，政府应该组织专门的人员进行编撰和帮助家庭进行家训的编撰，对一些人才辈出的家族进行研究，整理出其优秀的家训并进行传播，这样能很好地保障传统优秀家风家教的现代传承和发展。

在传统社会中,家风家教在一个家族中践行,靠的是长辈的推动以及家训家规的约束,家族中的晚辈遵循族规,违反族规的人就会受到惩罚,惩罚的方式很多,轻则被训诫、体罚,重则被逐出家族,这些族规在某种程度上起到了法律的作用。在传统社会中,法治还不够健全,对统治者来说,家族的稳定对社会的稳定起着非常重要的作用,因此统治者也对这些族规给予默认。现在是法治社会,应以法治为底线保障来推动家风家教的发展。法律是法治社会的底线,不仅能够保障家风家教功能的发挥,还能够很好地促进家风家教的发展。家风家教关系着每一个家庭的幸福,关乎着下一代人的培养,关乎着国家的未来,因此应制定与落实与家庭健康发展相关的法律体系,切实增强全体家庭成员的法律意识,推进家风家教建设。第一,完善新时代优良家风家教的监督保障机制。在传统与现代相结合的优良家风家教建设的过程中,采取相应的措施和建立相应的制度有力地推动了家风家教建设,但是这些措施和制度需要相应的监督机制。当下,我国应该根据我国的国情,在广泛征求人民意见的基础上,出台相应的优良家风家教监督细则,保障良好家风家教的传承和发展。第二,完善新时代优良家风家教建设的教育制度。在相关的教育制度中,《中华人民共和国职业教育法》《中华人民共和国义务教育法》中确立了新时代优良家风教育的重要地位,《中华人民共和国民法典》中涉及一些新时代优良家风家教建设的相关内容,不过还没有系统的、可行性强的关于新时代优良家风家教建设的相关法律,我国应该建立专门的关于优良家风家教的法律制度,为新时代优良家风家教建设提供法律保障。

(四)融入地域文化传承和发展保障机制

"文化传承不是文化传播,而是指文化在一个人民共同体(如民族)的社会成员中作接力棒似的纵向交接的过程。这个过程因受生存环境和文化背景的制约而具有强制性和模式化要求,最终形成文化的传承机制,使人类文化在历史发展中具有稳定性、完整性、延续性等特征。也就是说,文化传承是文化具有民族性的基本机制,也是文化维系民族共同体的内在动因。"① 地域文化传承和发展以各地域的政治、经济、生存环境为背景,依托各地域的文化传承发展的政策,地域文化的传承有系统的传承体制和方式,如果把家风家教的传承融入地域文化传承,使地域文化的传承和家风家教的传承融合到一起,就能使家风家教的传承得到很好的保障。地域文化传承与地域社会结构之间存在着相互支撑的动态平衡,一方面,地域社会机体的运行需要地域文化传承随时输送养分,通过地域文化传承机制为社会组织系统提供要素的积累和整合;另一方面,地域文化的传承离不开地域的社会组织和机制,需要地域社会组织系统作为构架支撑,需要稳定有序的地域文化传承制度作为硬件保障。新时代既有典籍的整理、保存、习诵等元典精神的继承,也有很多创新型的文化传承方式,如新媒体参与了地域文化的传承和发展,各种法律法规的产生使地域文化的传承有了坚强的后盾保障。传统地域文化传承和新时代地域文化传承都涉及家风家教的传承,但是家风家教的传承还没有在地域文化传承中凸显出来,还没有成为地域文化传承的一个分支。因此,新时代应该把家风家教的传承融入地域文化的传承,把家风家教的传承从地域文化中凸显出来,设立专门的部门,建立专门的机构,使地域文化的传承和家风家教的传承互相促进,从而更好地保障家风家教的传承。

---

① 赵世林.论民族文化传承的本质[J].北京大学学报(哲学社会科学版),2002(3):10-16.

第七章　地域文化影响下家风家教传统性与现代性耦合的微观策略

微观策略指的是家庭成员在个体层面上采取的针对传统价值观和现代社会需求之间的冲突和平衡问题的具体行动和方法。这些策略在家庭内部，特别是在家庭成员之间的互动和决策中，有助于实现传统性与现代性的有效耦合，以适应地域文化的影响。

一、结合时代特征继承传统家风家教中的积极内容

中国近代发生了"数千年未有之大变局"，从国家到社会到家庭再到个人，从政治制度、经济制度、文化制度到道德价值，从教育模式到语言表达，都发生了巨大的变化，在这种变化下，家风家教的传承和发展要把传统内涵与现代内涵进行承接，继承传统文化中家风家教的积极内容。

（一）继承家风家教中"孝道"的积极内容

1.以孝道促进现代社会的发展

在传统中国，孝甚至和治国及致仕相连，统治者主张"以孝治天下"，推举官员以孝为重要标准，这在第五章中都有提及，由此可见孝在传统社会中对于维护家族的稳定、维护社会的稳定具有重要的意义。"江南第一家"就是以"孝义"治家，其家族得到了当时统治者的大力扶持和旌表才得以兴旺发达。在新时代，重"孝"的思想要传承下来。随着时代的变化，孝道的内涵也在变化，这种变化和时代背景及家庭构造发生的变化相联系。随着生

产力的发展，家庭不再是解决矛盾的主要场所，世代同居的方式也难以维持，大家庭逐渐解体。在这种情况下，"孝"文化更重要，结合目前中国的国情，虽然国家不断放开生育政策，但出生率并没有达到预想的效果。出生率不高有各种原因，如生育成本较高、人的观念发生了变化等。一方面，我国越来越完善的养老制度使一些人把防老养老寄托在养老制度上；另一方面，家庭中孝道缺失导致一些人不愿意生育或者不愿意多生育。重构家庭的孝道之风，对于解决目前中国的生育问题有重大的意义。毋庸置疑，在"小家庭时代"，家风的意义和功能较传统农业社会的家庭来说有所下降和减弱，尤其在法治社会，家风中的一些约束族人的规则失去了其存在的背景，但是无论是大家族还是小家庭，家风对子女的成长都具有非常重要的作用，这种重要的作用在"小家庭时代"一样适用。《周易》中讲："积善之家，必有余庆；积不善之家，必有余殃。"习近平总书记也有很多关于家风的重要论述，如"每一位领导干部都要把家风建设摆在重要位置，廉洁修身、廉洁齐家，在管好自己的同时，严格要求配偶、子女和身边工作人员"[1]；"家风好，就能家道兴盛、和顺美满；家风差，难免殃及子孙、贻害社会"[2]。习近平总书记曾引用"将教天下，必定其家，必正其身""心术不可得罪于天地，言行要留好样与儿孙"[3]来强调家风的重要性。

2.把传统孝道思想与时代特征相融合

新时代的孝道要和时代特征相融合，既要继承传统孝道中的优秀成分，也要结合时代特征摒弃不适合时代的孝道思想。曾参的孝的思想为"孝有三：大孝尊亲，其次不辱，其下能养"。曾参提出孝是光耀父母、不辱父母、赡养父母，在今天看来还是有着积极的意义并值得继承。孟子提出了"五不孝"："世俗所谓不孝者五：惰其四支（肢），不顾父母之养，一不孝也；博弈（赌博、下棋等游戏）好饮酒，不顾父母之养，二不孝也；好货财，私

---

[1] 习近平.习近平谈治国理政（第二卷）[M].北京：外文出版社，2017：165.
[2] 习近平.习近平谈治国理政（第二卷）[M].北京：外文出版社，2017：355.
[3] 习近平.在第十八届中央纪律检查委员会第六次全体会议上的讲话[N].人民日报，2016-05-03（02）.

妻子，不顾父母之养，三不孝也；从（纵）耳目之欲，以为父母戮（辱），四不孝也；好勇斗狠，以危父母，五不孝也。"孟子所提到的五不孝：四肢懒惰，不尽赡养父母的义务；赌博酗酒，不尽赡养父母的义务；贪婪财物，偏爱妻子、儿女，不尽赡养父母的义务；放纵自己的声色欲望，让父母感到羞辱；打架斗殴，危害到父母。以上这些关于孝道的内涵现在来看也具有重要的意义，应该结合现在家庭的特征继承下来。现代社会家长的权威越来越弱，对于孝道是对等的关系，首先是父母对子女的爱护、教导和抚养，其次是子女对家长的尊重、赡养和孝道。当下孝道的观念和传统中的孝道观念有些不同，应该通过宣传、渗透、学校教育等途径使传统孝道中的优秀内容深入人心。

3. 把传统孝道践行与时代特征相融合

首先，把"孝心"践行切入"和谐"道德践行。新时代把孝心的践行和和谐的道德准则践行相契合。儒家的《孝经》总共十八章，不仅阐发论述了儒家的孝道理论，还为天子、诸侯、卿、大夫、士、庶人等各个阶层提出了行孝的方法和方式，把传统孝道文化从父母推及其他人，强调孝以修身、孝以齐家、孝以事人、孝以立业、孝以治国、把孝推到促进修身、齐家、事人、立业的高度甚至治国高度。孟子说："人人亲其亲，长其长，而天下平。"在当下，如果人人有孝道之心，以孝道之心对待家人，如孟子所说的四肢勤快，不赌博酗酒，不贪婪财物，不偏爱妻子、儿女，尽赡养父母的义务，不放纵自己的声色欲望，不打架斗殴，以孝道之心为行为准则，那么家庭就会和睦，社会就会和谐。践行孝道有三种境界，即以孝道修身、齐家为"小孝"，以孝道之心爱他人、爱岗敬业为"中孝"，以孝之心去报效国家为"大孝"，孝道的践行即爱父母、爱家、爱岗敬业、爱国，这和"和谐"道德准则践行相契合。其次，把"忠孝"道德践行切入"爱国"道德践行。《孝经》中对"孝"的阐述如下："夫孝，始于事亲，中于事君，终于立身。"[①]《孝经》把孝从家庭延伸到国家，移孝于国君，小孝孝亲，大孝为国

---

① 胡平生，陈美兰. 礼记·孝经 [M]. 北京：中华书局，2007：221.

"尽忠"。在传统文化中，孝道不仅能够调适家庭伦理关系，还可上升到对国家的忠诚，著名的"岳母刺字"即把孝道上升到对国家的忠诚上，这些孝义都是封建统治者为了维护其统治而从文化层面进行的建构。新时代应吸取传统文化中"移孝作忠"的合理成分，移孝于社会主义核心价值观，把对家庭的责任和担当扩大到对社会的责任和担当，这是大孝。从这个层面来说，孝道的践行和"爱国"的践行是相契合的。最后，把"报恩"道德践行切入"敬业"道德践行。孝的本质是知恩、感恩和报恩，《增广贤文》中"鸦有反哺之义，羊有跪乳之恩，马无欺母之心"讲的就是"感恩、知恩、报恩"。"孝"和"敬"是相联系的，"孝敬"的理念不仅是在物质层面满足父母，还是在精神层面顺遂父母的心愿，让父母以自己为骄傲，所谓"立身行道，扬名于后世，以显父母，孝之终也"[①]。子女功成名就，有所建树，甚至名垂千古，光耀门楣，让父母以自己为荣耀，这种孝敬是精神层面的孝敬。孝敬父母和践行社会主义核心价值观是一致的，做好本职工作。爱岗敬业，事业有成，为社会做出自己的贡献，也是对父母的一种孝敬，将感恩父母推广到感恩社会并积极地为社会做贡献，既能推进孝道的践行，也能推进"敬业"道德的践行。

（二）继承传统家风家教中"重礼仪"的积极思想

1. 传统礼仪中的优秀内涵

中华民族是礼仪之邦，历来重视礼仪。在传统中国社会中，统治者为了维护其统治，制定了一系列符合当时社会需求的上下有异、尊卑有序、亲疏有间的伦理道德准则和日常行为规范。传统文化中关于传统礼仪的内容非常多。"中国古代有'五礼'之说，即'吉礼、凶礼、军礼、宾礼、嘉礼'，其中，吉礼是用于祭祀的礼仪；凶礼是关于丧葬的礼仪；军礼是关于战争的礼节与仪式；宾礼是天子与诸侯、诸侯与诸侯、士与士之间相互会见以及接待宾客的礼仪；嘉礼则是一种在社会交往中亲近人际关系、联络沟通感情的

---

① 胡平生，陈美兰. 礼记·孝经[M]. 北京：中华书局，2007：221

礼仪，主要有饮食、婚冠、宾射、燕飨、贺庆等礼仪。"[1] 礼仪的种类很多，每一种礼仪代表着一定的内涵。第一类，生养成长礼仪，主要有诞生礼仪、成年礼仪、祝寿礼仪等。诞生礼仪是为了祝贺一个新生命的诞生，以期待祝福美好的未来而举行的礼仪；成年礼仪是为了庆祝男女成人而举行的一种礼仪，成年礼仪使子女获取一种"成人意识"，成人意味着责任和担当，这样一种礼仪增强了青年男女的责任意识；祝寿礼仪是祝福长辈健康长寿之礼，古代的祝寿礼仪有送寿帖、设寿堂、行寿仪、吃寿宴、贺寿礼等。第二类，婚丧嫁娶礼仪。婚丧嫁娶是人生非常重要的事情，即使到了今天，婚丧嫁娶礼仪虽然没有以前那么烦琐，但仍然是非常重要的礼仪。婚嫁礼仪主要有纳采、纳征、请期、亲迎等，是为了庆祝和祝福男女的结合而进行的庆祝礼仪，婚嫁礼仪和风俗传递着人们对婚姻的重视和祝福。丧礼在古代是非常隆重的一种礼仪，目的是表达对逝者的悼念、尊重和爱戴。丧礼在古代无论是对于帝王将相还是对于普通民众都是非常重要的礼仪，"礼莫重于丧"，传统的丧礼有哭丧礼、吊丧礼、出殡礼、服丧礼。烦琐和详尽的丧礼是中国传统文化中孝文化的彰显，丧礼传达的是孝道文化。第三类，个人形象礼仪。个人形象礼仪包括仪容、仪态、仪表、言谈举止。古人非常重视自己的服装和礼仪，甚至服装和礼仪是一个阶层阶级地位的代表。古人注重表里如一，因此他们认为美丽的仪容仪表和美好的品行相称，对女子仪容仪表礼仪的要求更高。第四类，社交礼仪。社交礼仪是人们在社会交往活动过程中形成的行为准则和规范，是人与人之间联络沟通感情的礼仪文化。社交礼仪包括宴请礼仪、书信礼仪、相见礼仪等，传统礼仪所要表达的核心是尊重、礼貌、适度及自律。早在远古时代就有关于宴请的座次、入座、布菜、进酒等完整的礼仪；关于书信礼仪的有《内外书仪》《报任安书》《书仪》等礼仪专著；古人有作揖礼、拱手礼、抱拳礼，有"绍介、辞让、奉挚、还挚"等相见礼仪。第五类，节日节俗礼仪。我国有许多传统节日，如春节、元宵节、清明节、中秋节及重阳节等，每一个节日都有自己的节俗和礼仪，这些节日礼仪

---

[1] 权丽竹. 中国传统礼仪文化对当代大学生价值观的影响与对策研究 [D]. 太原：太原理工大学，2021.

蕴含着人们美好的感情：辞旧迎新、迎喜接富、缅怀先烈、举家团圆、弘扬孝道等。

2. 传统礼仪践行和时代特征相融合

（1）知礼和法治相结合。中国传统文化中的礼仪文化是中华文化的核心，也是中华民族的标志。礼仪也是统治者维护其统治、维护一个国家正常秩序的重要手段，尤其在古代，为了维护宗法等级，礼仪要求各成员按照各自的身份等级来行事，不可僭越，这在一定程度上维护了封建社会的秩序。自孔子"以礼治国"以来到清代末年，以礼治国在维护封建统治者的统治方面起着重要的作用，并且留有很多历史资料可供研究，如《周礼》《仪礼》《礼记》，以及司马光的《书仪》、朱熹的《仪礼经传通解》等。传统的礼仪对维护社会的稳定和秩序具有重要的作用，今天的社会是法治社会，相对于传统社会，礼仪对社会的影响虽然削弱了不少，但是仍然起着非常重要的作用。在家风家教建设中，对待传统礼仪要抱着扬弃态度，取其精华、去其糟粕，抛弃传统礼仪中那些过度烦琐、显示尊卑有别、把人分为不同等级的礼仪，如传统丧礼中父母去世子女要守孝三年，以及传统礼仪中男尊女卑及对女子的约束这种不合时宜的规定都要抛弃；还有一些礼仪随着社会的发展变化已经不能适应现代社会了，也要进行改变，即传统礼仪的继承要和法治社会相结合。相对于法律条文，礼仪更容易教育和感化人心，更贴近家庭生活。在家庭中，礼仪伴随着青少年的成长，对青少年产生着潜移默化的影响。学者张自慧指出："一个高度文明的社会，一定是以礼治和德治为主要规范的社会。中国传统礼仪文化能够运用道德教化的力量提升人的道德水平，使人与人之间相互尊重，团结友爱，从而使民风敦厚、社会和谐。"[①] 礼仪除了是立身处世必须遵照的基本原则，还必须是以法治为前提的，将法治思维渗透现代礼仪中，对于促进国家昌盛、社稷安定有重要意义。现代礼仪以法治社会为背景，而礼仪也是法律制度践行的重要手段之一。

[①] 张自慧. 古代"礼治"的反思与当代和谐的构建[J]. 南昌大学学报（人文社会科学版），2009，40（4）：8-12.

（2）礼仪和德治相结合。礼仪和道德从根源上来讲是统一的，两者密不可分。孔子认为："人而不仁，如礼何？人而不仁，如乐何？"把"仁"和礼仪制度结合起来。孔子还告诫人们"不学礼，无以立"，把学礼和做人结合了起来。礼仪是道德的表现形式，道德是礼仪的本质，孟子非常重视礼仪中的道德规范，并把"仁、义、礼、智"作为基本道德规范。礼仪和道德本身就是不可分的，因此把礼仪的践行和德治结合起来是逻辑和历史的统一。"礼者，人之所履也，失其履，必颠蹶陷溺。"[1] 传统社会中的礼仪不仅能维护国家统治与社会安定，还被赋予了重要的道德价值。孔子开创了礼仪教育的先河，把礼仪教育渗透到文化、制度和道德体系中。礼仪对于提升个人道德修养、推动良好家风家教建设及提高社会道德水平具有重要的价值。在现代社会，虽然人们追求的理想人格有所变化，但是内修外显、具有高尚人格的谦谦君子一直是不变的人格追求，在这种高尚人格形成的过程中，礼仪以其潜移默化的力量提升个人的道德修养。礼仪是礼仪行为、道德意识与道德行为的统一，道德是礼仪的内涵，礼仪是道德的外化，一种规范的礼仪应该是符合道德标准的。礼仪教育是通过礼仪的认知和培养，把礼仪内化为内心的信念，养成良好的行为习惯，把礼仪规范变成尊重他人、善待他人的道德信念。现代社会中，礼仪成为一种道德素养，"明礼"成为公民的基本道德规范，也是公民教育的道德实践逻辑起点。礼仪教育可以培养人们良好的行为习惯和道德素养，如家庭教育中用礼仪指导青少年的行为，使其从小事做起，把道德和理想具体到人的言行中，从而建立良好的人际关系，促进人与人之间。荀子认为："事无礼则不成，国无礼则不宁。"在荀子看来，礼治是国家强盛的根本，只有国家重视礼治，社会秩序才不会混乱，这和当代的"以德治国"如出一辙。

（3）知礼和促进现代家风建设相结合。在传统家风家教建设中，礼仪教育和家风、家训是融合在一起的，礼仪教育是家风、家训建设中的重要内容，礼仪建设和好家风结合起来，也使礼仪更具有生活中的亲情和温情。许

---

[1] 荀况. 荀子 [M]. 杨倞，注. 耿芸，标校. 上海：上海古籍出版社，2014：329.

多著名的家训既是家训典范也是礼仪教材，如《颜氏家训》《朱子家训》《袁氏世范》等。很多名家家训中都包含着礼仪教育，礼仪教育是家庭教育的重要内容，应把礼仪的践行和个人的道德修养相结合。现代社会中，礼仪在个人修养中仍占有重要的地位，提高个人修养的过程也是礼仪践行的过程。优雅的举止和谈吐永远受人欢迎，有礼貌、尊重别人、善良仁爱、宽容礼让既是礼仪的要求，也是个人道德修养的要求。因此，知礼和提高个人道德修养是统一的。礼仪要求不仅是提升外在的形象要求，还可以加强道德教育。个人道德修养的提高是家风家教建设的重要目标，应通过加强个人道德修养推动家风家教建设。

礼仪教育也是规范家族秩序的重要方法。在传统社会中，大家族世代同居，这就面临着管理的问题。在大家族的管理中，礼仪起着非常重要的作用，如，"祭祖"是大家族中一个非常重要的事情，每逢重大节日或者发生了重大事件都要祭祖，通过祭祖将分散的族人聚拢到一起，实现血缘家族身份的认同，获得家族共同体的归属感。虽然现代家庭中家族人员基本以核心家庭分而居之，家庭的管理问题相对简单，但是礼仪在现代家庭中也起着非常重要的作用。礼仪可以增强家族的认同感，增强个人的责任感。相比传统家族的世代而居，现代家庭中的成员可以通过区别传统的方式进行祭祖，如利用网络进行跨越时空的祭祖，让具有血缘关系的家族成员更具责任感和担当，促进家庭的现代家风家教建设。

传统的礼仪在和现代家庭相结合时，要充分结合现代家庭的特征，要抛弃传统礼仪中对个人的约束限制和一些烦琐的礼仪。现代家庭也要通过礼仪推动家风家教建设，以礼仪为切入点，加强对青少年的培养。礼仪是可以践行的实实在在的东西，比起道德说教更容易让人接受。礼仪通过温情的方式践行道德，可以通过礼仪实现对青少年的道德教育，知礼明理的家风也必然能培养出优秀的现代化人才。

（三）结合时代特征抛弃传统家风家教中的消极内容

1. 抛弃功利主义

在传统社会中，尤其是在儒家思想中，"学而优则仕"，读书学习的目的是做官，并且在很长时间内，学习的目的是参加科举考试。在这种功利主义的教育下，对青少年的家庭教育是片面的，不注重对青少年的全面教育。在科举制度的影响下，死读书，读死书，不注重培养孩子的创新精神，并且在传统社会中，因为读书学习的目的是做官，因而科学技术类教育、经商管理类教育较少，读书的目的是步入仕途、光耀门楣。步入仕途也是报效祖国的重要途径，明代王守仁听说有子侄通过了科举考试，心情异常激动："近闻尔曹学业有进，有司考校，获居前列，吾闻之喜而不寐。此是家门好消息。继吾书香者，在尔辈矣。勉之，勉之！"[1] 杜牧的《冬至日寄小侄阿宜诗》中描述了人们对仕途的趋之若鹜："朝廷用文治，大开官职场。愿尔出门去，取官如驱羊。"在这种统治者"劝以官禄"的背景下，很多学子醉心八股、醉心功名，家庭教育趋于功利化。读书到底为了什么对家庭教育的影响颇大。在当代，教育是为了培养现代化新人，这个新人具有强烈的爱国精神、创新精神，读书的目的是提高自己的知识水平，提升自身的价值，为社会做更多的贡献，而非"学而优则仕"。一些开明人士很早就提过读书的目的："夫所以读书学问，本欲开心明目，利于行耳。"[2] 郑板桥强调读书提升道德和明理，"夫读书中举中进士做官，此是小事，第一要明理做个好人"[3]。曾国藩曾说人们读书是提升道德修养和谋生的手段："吾辈读书，只有两事：一者进德之事，讲求乎诚正修齐之道，以图无忝所生；一者修业之事，操习乎记诵词章之术，以图自卫其身。"[4] 习近平总书记关于领导干部读书的目的有一段论述："在新的时代条件下，领导干部要不断提高自己、完善自己，经受

---

[1] 陈君慧. 中华家训大全 [M]. 哈尔滨：北方文艺出版社，2014：491.
[2] 颜之推. 颜氏家训 [M]. 易孟醇，夏光弘，译注. 长沙：岳麓书社，1999：89.
[3] 史孝贵. 古今家训新编 [M]. 上海：华东师范大学出版社，1992：135.
[4] 曾国藩. 曾国藩家书 [M]. 陈良煜，译注. 西宁：青海人民出版社，2004：21.

第七章 地域文化影响下家风家教传统性与现代性耦合的微观策略

住各种考验，就要坚持在读书学习中坚定理想信念、提高政治素养、锤炼道德操守、提升思想境界，坚持在读书学习中把握人生道理、领悟人生真谛、体会人生价值、实践人生追求，努力使自己成为一个高尚的人，一个纯粹的人，一个有道德的人，一个脱离了低级趣味的人，一个有益于人民的人。"[①]随着社会的发展，传统功利性读书的目的已经不适合现代社会的发展，人们应结合时代的发展，在现代家风家教建设中抛弃其不适合时代发展的内容，建设良好的家风家教，全面促进青少年的发展。

2.抛弃男尊女卑思想

在传统社会中，封建家长制思想严重，重男轻女、男尊女卑思想严重，对女子的约束也很多，在这种思想的影响下，家庭忽视对女子的教育，并把女子当作男子的附属品，要求女子三从四德。男尊女卑思想还体现在对女子"贞节"的强调上，汉代班昭曾在《女诫》中明确指出女子只能从一而终，即使丈夫离世，女子也不能再嫁，"夫有再娶之义，妇无二适之文。故曰夫者天也。天固不可逃，夫固不可离也"[②]。明代杨继盛临死前叮嘱自己的妻子："妇人家有夫死就同死者，盖以夫主无儿女可守，活着无用，故随夫亦死，这才谓之当死而死，死有重于泰山，才谓之贞节。"[③] 传统社会对女子的忽视还体现在认为女子不可学习文化，女子无才便是德。清朝的蒋伊在家训中提到"女子但令识字，教之孝行礼节，不必多读书。"[④] 甚至有人认为女子识字无益且有害，如温璜的母亲认为"妇女只许粗识柴米鱼肉数百字，多识，无益而有损也"[⑤]。随着社会的发展，家庭教育中男尊女卑的消极思想被抛弃。在当代，女性对社会的贡献充分证明了女性的潜力和才能。在现代社会中，家庭教育中男女平等的观念深入家风家教建设，女性和男性同样接受

---

① 习近平．领导干部要爱读书读好书善读书——在中央党校 2009 年春季学期第二批进修班暨专题研讨班开学典礼上的讲话 (2009 年 5 月 13 日) [J]. 中国乡镇企业, 2009 (7): 4-11.
② 张福清．女诫：妇女的枷锁 [M]. 北京：中央民族大学出版社, 1996: 3.
③ 徐梓．家范志 [M]. 上海：上海人民出版社, 1998: 221.
④ 徐梓．家训：父祖的叮咛 [M]. 北京：中央民族大学出版社, 1996: 327.
⑤ 徐梓．家训：父祖的叮咛 [M]. 北京：中央民族大学出版社, 1996: 187.

教育，同样被重视。传统中男尊女卑、无视女性、不注重对女性的教育和培养的消极思想应该被抛弃，应该同样重视对女性的培养，充分挖掘女性的潜力，使女性在现代社会中大放异彩。

二、以家庭教育为主推力，促进优秀家风家教传统与现代相结合

（一）加强家庭教育中榜样示范的作用

"家庭教育是教育人的起点与基点，具有其他教育所没有的优势。家庭教育具有早期性、连续性、权威性、感染性、及时性。"[1] 家庭教育在促进优秀家风家教传统与现代相结合方面起着重要的作用。"良好的家庭环境和家庭风气与家庭中长辈的榜样示范密不可分，父母应该注重环境的教育作用，注重以身作则。"[2] 在传统的家庭教育中，长辈的榜样示范作用是家风家教传承的重要方式，通过榜样示范，优秀的家风被一代代地传承。在传统社会中，几代同居的家庭结构模式比较普遍，家庭中的长辈尤其是家庭中的一家之主对家庭的管理具有绝对的权威，尤其在一些普通的家庭中，读书识字并不普遍，又没有现代化的媒介，子女主要通过家庭成员获得信息，而家庭中的长辈就成为他们成长中的重要榜样，榜样示范作用成为教育子女的重要手段。在当代，家庭结构的变迁、现代传媒无孔不入的强大信息功能以及被迫与父母分离的留守儿童的存在在一定程度上弱化了家长的榜样示范作用。但是，在青少年成长的过程中，青少年的抚养人（可能是父母，也可能是照顾留守儿童的祖父母或外祖父母）的榜样示范作用对青少年的成长起着不可替代的作用。因此，在新时代，不仅不能弱化家庭教育中的榜样示范作用，还要借鉴传统家风家教传承中的以身示范的传承方式，强化家庭教育中的榜样示范作用。在传统家风家教传承的过程中，除了家长的榜样示范作用，还有不少家庭或家族有族规祖训，这些族规祖训强化了家长的榜样示范作用。而

---

[1] 王志文，牛继舜. 中华文化传承与传播策略研究 [M]. 北京：经济日报出版社，2017：63.

[2] 王志文，牛继舜. 中华文化传承与传播策略研究 [M]. 北京：经济日报出版社，2017：63.

现代家庭结构简单化，以及不少家庭已经没有了族规祖训，因此应借鉴传统家风家教的传承，通过设立家规及继承祖训，强化榜样示范作用。传统家风家教的传承过程中非常重视榜样示范作用，家族中德高望重者及优秀者成为青少年成长过程中的重要榜样。不少名门望族一代代地繁荣下来，其中榜样示范作用是非常重要的。在现代家风家教的传承过程中，应为青少年树立优秀的榜样，家长要不断提升自己，努力成为青少年的优秀榜样。在现代家风家教的传承过程中，现代媒体的渗入既有利于家风家教的传承，又易使青少年接受不良示范，因此在现代家风家教的传承过程中，要为青少年树立优秀的榜样，并减少不良示范对青少年的影响。

（二）传统家风家教中的孝义传承渗入现代家风家教

"孝"是我国传统文化的根脉，如果要寻找能够代表中国文化性格和社会特征的关键词，那么"孝"无疑将位列其中。德国哲学家黑格尔对中国文化曾如此评价："中国纯粹建筑在这样一种道德的结合上，国家的特性便是客观的家庭孝敬。"[1] 孙中山先生指出："讲到'孝'字，我们中国尤为特长，尤其比各国进步得多。"[2] 国学大师梁漱溟亦提出："孝在中国文化上作用至大，地位至高；谈中国文化而忽视孝，即非于中国文化真有所知。"[3] 孝是中华民族的传统美德，传统文化中关于孝的记载很多，孝对维护家族的稳定和社会的秩序都起着重要的作用，流传下来关于孝的记载也很多，如二十四孝故事、永康"孝感泉"的传说。随着社会的发展，传统中的"孝"要和现代社会的特征相结合，抛弃不适合时代发展的"孝"，继承其合理的"孝"，使孝在新时代下得到更好的继承和发展。不同时代对孝的理解是不同的，传统社会中人们普遍认为孝首先指的是养亲与敬亲，"哀哀父母，生我劬劳""哀哀父母，生我劳瘁""父兮生我，母兮鞠我；抚我畜我，长我育我；顾我复

---

[1] 黑格尔. 历史哲学 [M]. 王造时，译. 上海：上海书店出版社，2006：232.
[2] 孙中山. 孙中山选集 [M].2 版. 北京：人民出版社，1981：680.
[3] 梁漱溟. 中国文化要义 [M]. 上海：学林出版社，1987：307.

我，出入腹我"[①]。父母含辛茹苦地养大子女，子女成人之后应当尽心竭力地照顾父母，使他们安度晚年。养亲是孝的基本要求，不养亲为不孝。其次，孝指赡养父母能够尊重父母的意愿，以礼侍奉，做到孔子所说的"无违"的三种境界：无违于礼，无违于父道，谏亲。谏亲是指对父母的过错要讲究方式和方法进行委婉的劝谏，不能陷父母于不义。再次，孝敬父母要做到葬之以礼，祭之以礼。《论语·尧曰》："生，事之以礼；死，葬之以礼，祭之以礼。"传统家风家教中的孝对父母死后的祭祀非常重视，通过血脉的延续，加上丧葬仪式，使祖先的精神获得不朽。最后，孝以立身。《孝经》云："立身行道，扬名于后世，孝之终也。"意思是子女成就一番事业，使父母感到高兴和骄傲，而子女终日庸碌无为也是对父母的不孝，这点可以从中国人成名的意识里找到佐证。"了却君王天下事，赢得生前身后名"，把后世子孙的成就和祖先积下的功德水紧密地联系在一起。这些孝的思想在当下应该结合时代特征被继承下来，孝的思想应该随着时代的发展被传承、被发展下来。然而，随着现代因素的进入，农民的流动性提高，代际价值关系的基础日渐削弱，一些年对父母的关心有所减少。现代家风家教应该继承传统家风家教中孝的思想，使孝成为现代家风家教的重要内涵。当然，对于家风家教的内涵，孝应该随着时代的发展有所发展，传统家风家教中孝的思想中腐朽的东西，如"愚孝"，应该被抛弃，现代的孝应该适应当代的社会特征，不能一味地用旧的孝的思想去衡量，但是不管社会如何发展，孝的基本内涵应该被继承下来。在现代家风家教的传承过程中，父母先应是传统家风家教的继承者和示范者，孝应该以代际榜样示范的形式进行传承。在现代家风家教的传承中应该借鉴传统中孝的传承形式，榜样示范、家风家训、环境熏陶等作为孝渗入家风的形式应该被继承下来。孝文化在现代家风家教的传承中应该被传承，传统家风家教中孝的思想应该被现代家庭传承，以孝传家应该是现代家风家教传承的重要脉络。孝作为重要家庭代际传承的纽带，应该被发扬光大，把孝的思想注入现代家庭。

[①] 孔丘.诗经[M].北京：北京出版社，2006：261.

第七章 地域文化影响下家风家教传统性与现代性耦合的微观策略

（三）将优秀家风、家训融入现代家庭

在地域文化的影响下，如何将优秀的家风和家训有机地融入现代家庭生活，以实现传统性与现代性的有效耦合，是一个引人深思的问题。优秀的家风和家训作为传统文化的重要组成部分，承载着代代相传的价值观和道德规范，对家庭成员的成长和发展具有深远影响。然而，随着社会的变迁和文化的多样化，如何在传统价值观与现代社会需求之间建立联系，将优秀的家风、家训融入现代家庭，成为一个必须探讨的问题。一个有效的策略是将传统的家风、家训与现代家庭的需求和实际情况相结合，使其更具现实意义和可行性。家庭应该在尊重传统的基础上，根据家庭成员的需求和现代社会的变化，进行家风、家训的调整和传承。这可以通过以下途径实现。

首先，家庭可以借助现代科技手段，将传统的家风、家训以现代化的方式呈现。使用社交媒体、手机应用程序等工具，将家、风家的训内容以生动有趣的形式传递给家庭成员，从而激发他们的兴趣。

在传统文化传承的过程中，现代科技手段被视为传统与现代相融合的桥梁，可以使家风家训更贴近年青一代的生活方式和兴趣，促进家庭文化的传承。社交媒体作为信息传播的强大工具，为家庭传承提供了新的途径。家庭可以创建专属账号或页面，以各种形式发布传统家风、家训的内容。这种方式能够将传统文化通过社交媒体进行传播，使传统价值观更加亲近年一代，增强他们的认同感。手机应用程序为家庭传承提供了更为便捷的途径。家庭可以开发专门的应用程序，内含家族历史、传统故事等内容。借助手机应用程序，家庭成员可以随时随地了解家风、家训，通过互动学习的方式更深入地体验传统文化。数字化家庭档案使家庭传承更加有据可查。这样的档案可以包括家庭历史、祖先故事等。通过数字化家庭档案，家庭成员可以更方便地获取传统信息，感受到家庭文化的历史厚重感。综上所述，将传统的家风、家训以现代化方式呈现给家庭成员，是传统文化传承与现代科技融合的创新之举。社交媒体、手机应用程序以及数字化家庭档案等工具，不仅为传统与现代的连接提供了新思路，也为家庭成员在共享传统文化的过程中提供了更多可能。

其次，家庭成员可以通过开展家庭活动的方式将传统的家风、家训融入其中。当谈及将传统的家风、家训融入现代家庭时，家庭活动的角色不容忽视。通过定期的家庭会议或其他形式的活动，家庭成员可以积极参与、分享，更深刻地理解和体验传统价值观，实现传统性与现代性的有机结合。家庭会议是家庭成员互相交流、讨论和合作的关键途径。家庭会议为传统家风家训的传承提供了一个有益的平台。在家庭会议中，家庭成员可以分享彼此的成长经历、学习心得以及在生活中的挑战。此外，家庭会议也为传统家风、家训的核心价值观提供了讨论的机会。家庭会议不仅是信息交流的场合，更是传承核心价值观的途径之一。通过选择一个特定的传统家风、家训主题，如"孝敬"或"诚实"，家长可以详细探讨这些价值观在家庭文化中的重要性。此类讨论有助于家庭成员深刻理解这些传统价值观，并将其应用到实际生活中。为了使家庭成员更深入地感受和理解传统家风、家训，可以引入互动式的学习方式。在家庭会议中，家长可以设置小组讨论、角色扮演、情景模拟等活动，让家庭成员能够在参与的过程中学习和分享。这种互动式的学习体验有助于加深家庭成员对传统价值观的认识。家庭活动的成功需要家庭成员的积极参与，特别是年青一代，应鼓励他们提出问题、表达自己的观点，从而培养他们对传统家风、家训的兴趣。通过参与此类活动，年青一代将更有可能理解和接受传统价值观，并在未来继续传承下去。

家庭会议作为传承传统价值观的一种策略，不仅促进了家庭成员之间的交流，更使核心价值观深入传递，为家庭文化的传承打下了坚实的基础。通过开展家庭活动，特别是有意义的家庭会议，可以在温馨的氛围中更加深入地传递传统价值观。这种积极互动与参与将增进家庭成员的联系，也将传统价值观融入现代生活。

当探讨将传统的家风、家训融入现代家庭时，讲解故事和传统仪式是富有创意和感染力的方法。这些方法能够帮助家庭成员更深入地体验、理解并传递传统价值观。故事、神话和传统仪式蕴含着丰富的文化内涵和人生智慧。通过运用这些元素，家庭可以将传统价值观融入其中，使其变得生动而易于理解。故事和传统仪式是传统家风、家训的有力载体，通过这些载体，

第七章 地域文化影响下家风家教传统性与现代性耦合的微观策略

家庭成员可以更加深入地感受传统文化的内在精髓。故事能够在情感共鸣中更有效地传递价值观。家长可以借助家族历史、祖先经历等,创作具有教育意义的故事,使其与传统价值观紧密结合。这些故事可以涵盖家族成员的奋斗历程、智慧传承,以及跨越时空的家庭传统。通过这些故事,年青一代能够更深入地理解和认同传统价值观。故事可以成为连接传统与现实的桥梁。通过将祖先的经历与现代情境对比,家长可以帮助家庭成员更好地理解传统价值观的实际应用。这种联系使得传统价值观不再是遥远的概念,而是具有现实意义的指导。将传统故事与现实情境相联系,有助于家庭成员更深刻地理解和践行传统家风、家训。传统仪式是家庭文化的重要组成部分,也是传递价值观的特殊途径。家庭成员的参与让这些仪式变得更加生动和有趣,同时能让家庭成员亲身感受传统价值观的内涵。这样的参与和感受不仅加深了家庭成员对传统文化的认知,也加强了他们对家庭的情感认同。借助故事、神话和传统仪式,家庭成员可以更加深入地感受传统价值观,通过情感共鸣和实际联系,将传统文化融入现代生活。通过讲解故事和传统仪式,家庭可以以更生动、贴近的方式传递传统价值观。这种情感共鸣、实际联系和体验感受,为家庭成员传承传统文化提供了深厚的根基。

最后,家庭成员之间的沟通与合作是关键。家长应该倾听孩子的意见和想法,理解他们的需求,从而更好地将传统价值观与现代生活相结合。家庭成员之间的有效沟通有助于将家风、家训与现代性相结合,形成更具活力的家庭教育环境。在将传统的家风、家训融入现代家庭的过程中,家庭成员之间的沟通与合作是至关重要的。这可以极大地促进传统价值观与现代生活的有机结合,使家庭教育更具活力和意义。沟通和合作在家庭教育中具有深远的意义。家长与孩子之间的有效沟通可以帮助家长和孩子建立信任,使他们彼此理解,进而为传统价值观的传承营造良好的氛围。合作则能够使家庭成员共同制订计划、解决问题,并达成共识,这对将家风、家训融入现代生活至关重要。孩子是家庭的一分子,他们也有独特的见解和想法。家长应该倾听并尊重孩子的声音,鼓励他们表达自己的意见。这种倾听不仅能够让孩子感受到被重视,还有助于家长了解他们的观点和需求。倾听孩子的意见和看法，是在传统价值观传承中建立联系和引发共鸣的重要途径。通过与孩子进行开放的对话，家长可以更好地了解孩子的需求和期望。这有助于家长调整传统价值观的传承方式，使其更适应现代生活的情境。家庭成员可以共同探讨如何将传统的家风、家训融入日常生活，从而在现代社会中实现传统与现代的平衡。家庭成员之间的合作是将传统价值观融入家庭生活的重要推动力。合作可以是制订家庭活动计划、共同参与传统节庆，或是讨论家庭的价值观和目标。家庭成员的共同努力能够增强家庭内部的凝聚力，使传统价值观得以持续传承。

综上所述，将优秀的家风和家训融入现代家庭是一项需要策略性思考和实践的任务。通过利用现代科技、开展家庭活动、借助故事传承以及进行积极的沟通合作，家庭可以创造出一个融合传统和现代的教育环境，以培养具有传统价值观的现代家庭成员。

三、发挥地方名门望族的榜样示范作用，促进优秀家风家教传统与现代相结合

地方名门望族拥有悠久的历史和深厚的家风家教传统，其榜样示范作用在促进优秀家风家教传统与现代相结合方面具有重要意义。其他家庭可以将地方名门望族的优秀家风家教作为一个榜样，吸取其优点。而要想在传承中实现与时俱进，需要将地方名门望族的传统价值观与现代家庭的特点相结合，进行创新。通过学习地方名门望族的优秀家风家教，家庭成员可以汲取传统智慧，将其融入现代生活，实现传统与现代的有效融合。

（一）发挥地方名门望族优秀家风家教的榜样示范作用

地方名门望族的家风家教往往承载着一个地区的传统文化，这些传统文化不仅是家庭的宝贵财富，也是整个社会的文化遗产。地方名门望族在历史发展中积累的家族故事、成功经验、行为准则、道德操守等都是优秀的家风家教的组成部分，具有示范和引领作用，可以在家庭中起到重要的传承作用，对其他家庭也具有借鉴意义。首先，家族故事是地方名门望族历史的缩

影，蕴含了丰富的智慧。这些故事既可以是家族的荣誉传承，也可以是家族在面对挑战和困境时的智慧应对。通过讲述这些故事，家庭成员可以汲取其中的人生经验和价值启示，从而在现代社会中更好地应对各种情况。其他家庭也可以通过了解这些故事，吸取其中的智慧，并将其应用于自己的家庭生活中。其次，地方名门望族往往在历史长河中取得了显著的家族成功，无论在政治、经济还是文化领域，其家族传承中往往有一系列的成功经验，这些经验成为其他家庭学习的内容。再次，地方名门望族的家风家教往往为家庭成员提供了积极的行为准则。家庭成员可以从中汲取积极的能量，在现代生活中树立正确的价值观，指导自己的行为。其他家庭也可以借鉴地方名门望族的行为准则，吸取适合自己家庭的行为准则。最后，地方名门望族以道德操守为典范。其注重家族的道德伦理，将孝顺、尊敬等传统价值观融入家庭生活。其他家庭可以吸取地方名门望族的道德操守理念，将其应用于自己的家庭生活中，从而推动家庭健康成长。

总的来说，地方名门望族的优秀家风家教不仅是一种象征，更是一种积极向上的文化标志，对整个社会产生了积极的影响。其他家庭可以从中汲取经验，了解地方名门望族的家族故事，将其成功经验、行为准则、道德操守等合理地融入自己的家庭传承中，从而在现代社会中实现传统文化的传承和发展。

（二）充分利用地方名门望族传承正确的传统价值观

地方名门望族的家风家教承载了丰富的传统价值观，这些价值观通常包括尊老敬老、孝道精神、诚信守约等，营造了家庭成员间相互尊重、关心和支持的氛围。这些价值观不仅是一种行为规范，更是一种人生指南，指引家庭成员在不同时期保持良好的道德和行为准则。尊老敬老的观念让家庭成员之间保持着亲情的联系，孝道精神让他们在面对困难时互相扶持，诚信守约的价值观则保证了家庭内部的和谐和信任。这些传统价值观不仅增强了家庭成员的情感归属感，也为他们在社会中树立了良好的形象。另外，这些传统价值观在现代社会中依然有重要意义，可以使家庭成员保持良好的家庭关系。尊老敬老、孝道精神等传统价值观在现代社会中可以成为家庭成员间建立亲密关系的桥梁，诚信守约的价值观在商业活动中依然是推动经济合作的基础。这些传统价值观通过在家庭中的实际践行，不仅为家庭成员提供了道德底线，也为他们在社会中的行为树立了榜样。

（三）充分利用地方名门望族与时俱进的家庭文化

地方名门望族的家风家教虽然有着深厚的历史根基，但也不断地与时俱进。其能够将传统价值观与现代社会需求相结合，为家庭成员创造出更适应当代生活的家庭文化。这种与时俱进的家庭文化能使地方名门望族更好地在现代社会中生活。首先，传统与现代的融合。地方名门望族在传承优秀家风家教的同时，积极寻求与现代社会的对接。他们不将传统价值观简单地套用于现代，而是在保持传统价值观核心元素的基础上适度调整和融合，以适应当代家庭成员的需求。这种融合在实践中体现为传统的尊老敬老、孝顺父母等价值观与现代的个人发展、平等尊重等价值观相互交融。其次，注意对家庭文化的适应与创新。地方名门望族往往具有丰富的家庭文化，可以为其他家庭提供参考。在参考的过程中，其他家庭需要根据自己家庭的情况进行适度的创新。例如，地方名门望族的家庭强调家族责任，而现代社会中的家庭成员可能分居不同地区，因此需要通过现代科技手段保持联系，以保持家庭的凝聚力。再次，创新的家庭教育模式。地方名门望族运用现代教育方法，将传统的传统价值观贯穿于家庭成员的教育过程。例如，利用举办家庭活动、讨论家庭规则等方式，让家庭成员在互动中接受传统价值观的熏陶。最后，家庭文化的创造和传承。与时俱进的家庭文化并非简单地适应外部环境的变化，而是家庭内部共同创造的结果。家庭成员通过家庭会议、亲子活动等形式，共同探讨如何将传统价值观与现代生活相结合，创造出适应时代需求的家庭文化。这种共同创造和传承的过程有助于家庭成员在实际生活中体验和贯彻传统价值观。

综上所述，地方名门望族的优秀家风家教作为榜样，可以为现代家庭传承提供借鉴和启示。家庭成员可以在借鉴地方名门望族的优秀家风家教的基础上，结合现代家庭的特点进行创新，以适应多样化的社会需求，从而传承优秀传统文化，发挥其当代价值。

四、以地域文化为基础促进优秀家风家教传统与现代的耦合

地域文化作为家风家教传承的基础，扮演着塑造家庭价值观的重要角色。如何以地域文化为基础实现优秀家风家教传统与现代的有机融合，是一个值得深入探讨的课题。本部分将详细阐述如何以地域文化为基础促进优秀家风家教传统与现代的耦合。

（一）结合地域传统价值观促进优秀家风家教传统与现代的耦合

1.通过地域传统价值观的传承促进优秀家风家教传统与现代的耦合

地域文化是家庭文化的基石，通常承载着特定地区的历史、传统价值观和文化特色。其中，地域传统价值观包括尊重、孝顺、忠诚和正直等，它们不仅是地域文化的重要组成部分，也是优秀家风家教的重要组成部分。家庭可以将这些传统价值观融入自己的家风家教中，促进优秀家风家教传统与现代的耦合。尊重是一种普遍存在于地域文化中的传统价值观。尊重他人的意见、文化、习惯等是建立和谐社会和营造良好家庭氛围的关键，有助于人们相互理解、协作以及共同发展。孝顺则被认为是中国传统文化的核心元素之一。孝顺父母、尊敬长辈是感恩之情的体现，是构建和谐家庭的基础。忠诚和正直作为传统价值观的一部分，强调对家庭、社会和国家的忠诚。忠诚表现为对所属团体的忠诚和奉献，正直则体现为坦诚、真实和诚实的行为。通过传承这些价值观，家庭能够保持文化传统的延续，同时为社会的和谐与进步做出贡献。

首先，家庭作为文化传承的基本单位，其成员的言传在传承地域传统价值观的过程中起着不可替代的作用。家庭成员可以通过家庭聚会、日常交往、故事讲述等方式，将正确的传统价值观传递给下一代，形成一个文化传承的渠道。其次，家庭成员的身体力行在传统价值观的传递过程中起到关

键作用。通过实际行动，家庭成员能够向下一代展示这些价值观的实际应用。例如，当家庭成员言行一致地尊重长辈时，孩子更容易理解和模仿这种行为。这种亲身经历有助于孩子更好地内化传统价值观，并将其融入日常生活。总的来说，家庭作为传统价值观的传递者，在家庭成员之间通过言传和身教的方式传承正确的地域传统价值观，不仅有助于维护家庭的凝聚力与和谐关系，还能够为家庭成员提供坚实的道德和伦理基础，以应对现代社会的各种挑战，更有助于促进优秀家风家教传统与现代的耦合。

2.地域传统价值观与现代社会相适应，促进优秀家风家教传统与现代的耦合

虽然地域传统价值观是宝贵的，但家庭也需要考虑如何将其与现代社会的需求相结合。适度的现代性与传统性的耦合有助于家庭在现代社会中更好地应对挑战。传统价值观与现代社会相适应是一个重要而复杂的议题，它关乎着家庭在不断变化的现代社会中如何维护优秀的家风家教。

地域传统价值观通常包括尊重、孝顺、忠诚、正直等核心观念，它们被认为是家庭文化的基石。这些价值观在历史上得以传承，形成了家庭成员的行为准则。然而，现代社会具有多样性和快速变化的特点，家庭面临着不断变化的挑战，包括价值观的多元化、科技的发展、经济压力等。因此，家庭需要考虑如何将传统价值观与现代社会的需求相结合。适度的现代性与传统性的耦合是解决这一问题的关键。这意味着家庭成员需要在传承正确的传统价值观的同时，适应现代社会的要求。例如，传统价值观强调孝顺，但在现代社会，孩子可能需要更多的自主性和创新性。因此，家庭可以通过教育孩子如何在尊重传统价值观的同时，发展现代社会所需的技能。这表明适度的现代性不仅有助于家庭应对现代社会的挑战，还可以促进优秀家风家教传统与现代的耦合。另外，家庭成员的沟通和共识也是实现传统价值观与现代社会耦合的关键因素。家庭成员需要在共同理解和认同的基础上，协商并制定适合家庭的传统与现代相结合的准则。

综上所述，传统价值观与现代社会相适应是家庭文化发展的重要议题。通过适度的现代性与传统性的耦合，家庭可以保留传统价值观的核心元素，

更好地应对现代社会的挑战。这一过程需要家庭成员的努力和沟通，以确保优秀家风家教传统与现代的有效耦合。

（二）通过家庭关系的维护促进优秀家风家教传统与现代的耦合

地域文化常常强调尊重长辈和家族团结，这对家庭关系的维护至关重要。尊重长辈是一个重要的传统，教导家庭成员如何尊敬年长的人，并通过言行举止来表达这种尊敬。这不仅体现在家庭成员之间的日常互动中，还包括对传统文化的尊重，这些文化通常代代相传。家族团结也是地域文化的组成要素。这意味着家庭成员之间应该保持亲密的联系，互相支持和协作。这种团结不仅在日常生活中表现出来，还在家庭重大事件和庆典中得以体现。家族团结有助于家庭成员建立紧密的纽带，形成一个坚固的社会支持网络。

在传统价值观的传递方面，家庭是一个关键的媒介。家庭成员通过言传和身教的方式，将地域文化中的尊重和家族团结等传统价值观传递给下一代。这种传递通常开始于儿童时期，父母会教育孩子尊重长辈、关心家庭成员。这些教育不仅包括言语，还包括行为示范。父母通过自己的行为，向孩子展示了如何在家庭中尊重长辈，团结家族成员。例如，他们可能在孩子面前尊重长辈，积极参与家庭活动，以示珍视家族团结。这不仅可以增强家庭成员的幸福感，还有助于家庭在多元化和快节奏的社会中保持和谐，有助于优秀家风家教的传承和发展。

（三）通过地域传统美德促进优秀家风家教传统与现代的耦合

地域文化通常包含一些传统美德，如勤劳、诚实等，家庭可以将这些美德视为家风家教的基石，并将其传承给下一代。这些传统美德在现代社会中仍然具有重要意义，有助于培养家庭成员良好的品格。

一方面，传统美德在维系家庭关系方面具有显著作用。尊重、信任和团结等美德有助于创造和谐、稳定的家庭氛围。通过强调这些美德，家庭可以更好地应对现代社会中的挑战，实现优秀家风家教传统与现代的耦合。"家庭美德不仅维系着家庭内部的和谐、幸福、美满，亦是形成良好社会道德风尚的桥梁，家庭美德建设是社会主义道德建设另一重要环节，是人们追求幸福美好生活的必经之路。"① 首先，尊重家庭成员的观点、感受和需求是家庭和谐的基础。当家庭成员之间相互尊重时，冲突减少，家庭氛围更加和谐。研究表明，尊重他人是建立健康、稳定家庭关系的关键要素之一。其次，信任是地域文化中的传统美德之一。家庭成员之间的信任建立了坚实的家庭关系基础。当家庭成员相互信任时，他们更有可能分享和沟通，解决潜在的问题和冲突，维护积极的家庭氛围。最后，团结的传统美德对家庭的和谐至关重要。家庭成员之间的团结可以帮助他们共同应对生活中的挑战，共享快乐时光，有助于减少家庭内部冲突，增强家庭成员之间的凝聚力。

另一方面，家庭是社会的基本单位，地域文化中的传统美德通过家庭的传承会影响到整个社会。一个以尊重、诚信等美德为基础的家庭，往往也会在社会中发挥建设性的作用，还对整个社会产生了积极的影响。"在公共参与方面，地方优秀传统文化中蕴含着团结友爱、公平正义、诚实守信、包容和谐等传统美德，对于缓和社会矛盾，促进社会和谐具有重要价值。"② 首先，地域文化中强调的美德，如尊重、诚信和团结，可以帮助家庭培养出具备社会责任感的公民。当家庭成员受到这些美德的熏陶时，他们更有可能成为社会中具备良好品德和行为的人。这对社会的稳定与和谐至关重要。其次，地域文化中强调的传统美德有助于建立社会信任。一个以诚信为基础的社会更容易建立人与人之间的信任。在这样的社会中，人们更倾向相互合作，分享资源和信息，从而促进社会的协作和繁荣。最后，地域文化中强调的传统美德有助于解决社会中的冲突和问题。尊重、团结和互助的价值观有助于人们更好地处理分歧和挑战。在一个强调传统美德的社会中，人们更愿意以和平的方式解决争议，寻求共赢的解决方案。这有助于缓解社会内部的紧张局势，维护社会的和谐。

地域传统美德与家风家教的契合是一个备受关注的研究课题。地域文化

---

① 车梦菲.习近平道德观的精神内涵、价值旨趣与实践路向[J].福建教育学院学报，2020，21（7）：1-6.
② 明成满，傅桐耶，姜强强.地方优秀传统文化融入中学思政课程教学研究：以融入高中"哲学与文化"为中心[J].淮阴师范学院学报（自然科学版），2024，23（1）：72-77.

通常承载着特定地区的历史、传统美德等，这往往反映了当地人的价值观。传统家风家教也一直强调传统美德，将其视为传统家庭教育的核心内容。在家庭中，教育孩子尊重长辈、孝顺父母等传统观念，有助于培养孩子的道德品质和家庭观念。① 因此，传统美德被视为传统家庭教育的重要组成部分。地域传统美德与传统家风家教中的美德之间存在契合点。这种契合对将传统家庭教育与现代家庭教育的结合非常重要，不仅有助于传承传统美德，还有助于培养具备传统美德的现代公民。

此外，地域传统美德不仅仅适用于传统社会，还在现代社会中发挥着重要作用。地域传统美德的传承与现代社会的需求相结合，可以为优秀家风家教传统与现代的耦合提供有益的支持。传统美德，如诚信、信任等，在现代社会中依然具有重要作用。首先，诚信是地域文化中常见的传统美德，也是现代社会中至关重要的品质。在家庭教育中，诚信是孩子建立良好人际关系的基石，可以使他们在社会中受到尊重。在商业和社会交往中，诚信是建立长期合作关系的基础，对现代社会的经济发展和社会交往至关重要。其次，信任是一种重要的地域传统美德，它有助于建立和谐社会和亲密的家庭关系。在家庭中，强调家庭成员之间的信任，可以营造出更和谐的家庭氛围，拉近家庭成员之间的关系。信任在现代社会中还有助于减少犯罪率、促进社会合作等。

综上所述，地域传统美德不仅有助于促进家庭关系的和谐，还会对整个社会产生积极的影响，推动社会和谐与稳定。因此，利用地域传统美德对促进家风家教传统与现代的耦合是至关重要的。这种相互融合并不是排斥性的，而是一种互补关系，可以使家庭在现代社会中更好地应对各种挑战。

（四）通过地域故事和传统习俗的传播促进优秀家风家教传统与现代的耦合

家庭可以通过讲述地域故事和传统习俗来传递地域文化。这不仅有助于

---

① 母磊，周蕾，马银琦.高质量职业本科人才培养模式的现实向度与行动路径：基于21所职业技术大学教育质量报告的文本分析[J].中国高教研究，2023（5）：101-108.

家庭成员了解地域文化，还能够使他们更加珍视和传承这些文化元素。地域故事和传统习俗的传播对促进优秀家风家教传统与现代的耦合起着重要作用。通过讲述地域故事和传统习俗，将地域文化中正确的传统价值观传递给下一代，有助于实现中华优秀传统文化的传承和发展。

1.传播地域故事是传承地域文化的有效途径之一

传播地域故事是传承地域文化的有效途径之一，不仅有助于将地域文化的精髓传承给下一代，还能够激发孩子对传统文化的兴趣，从而促进优秀家风家教传统与现代的耦合。首先，地域故事蕴含着丰富的地域历史和传统价值观。这类故事通常反映了地域文化的独特性，内容包含地域的发展历程、重要事件以及传统价值观的传承。通过讲述这类故事，家庭可以向孩子传递关于地域文化的信息，帮助他们更好地了解自己所属地域的历史和传统。其次，通过地域故事传递传递价值观可以增强孩子对传统文化的认同感和亲近感。地域故事往往以生动的方式呈现传统价值观在具体情境中的应用，如尊重长辈、珍视亲情等。孩子通过故事可以看到这些价值观是如何贯穿于人们生活中的，这对于培养他们的文化认同感至关重要。最后，地域故事可以激发孩子对传统文化的兴趣。地域故事往往有引人入胜的情节，能够吸引孩子的注意，使他们对传统文化产生浓厚的兴趣。孩子可能会主动追求更多关于自己地域的文化知识，探索更多与文化有关的故事。这样的主动学习有助于加深对传统文化的了解，促使他们积极参与中华优秀传统文化的传承。

综上所述，地域故事作为传承地域文化的有效途径，通过传递文化信息、增强认同感、激发兴趣等方式，促进了优秀家风家教传统与现代的耦合。

2.传播传统习俗是传承地域文化的有效途径之一

传统习俗是地域文化的一部分，在家庭中的应用有助于将地域文化融入日常生活。这些习俗涵盖节令、婚嫁、祭祀等方面的传统活动。家庭通过积极参与这些传统活动，不仅能够使家庭成员亲身体验和传承这些传统习俗，还有助于加深他们对地域文化的了解。

第七章　地域文化影响下家风家教传统性与现代性耦合的微观策略

首先，传统习俗的实践有助于将地域文化融入家庭生活。传统习俗通常是特定地域文化的代表，反映了该地区的历史、价值观等。在日常生活中积极参与传统习俗活动，有助于将地域文化融入家庭生活中。例如，家庭成员一起过年，会按照传统方式准备食物、进行拜年、访亲等活动，这些都是地域文化的具体表现，已融入他们的日常生活。其次，传统习俗的实践有助于家庭成员亲身体验和传承中华优秀传统文化。在参与传统习俗活动的过程中，家庭成员可以亲身体验传统仪式、节庆庆典和仪式。这种经历不仅能够使他们更加深入地理解传统文化的内涵，还有助于传承中华优秀传统文化，确保其不被遗忘。例如，家庭成员一起包粽子，可以学习到制作粽子的传统技艺，并将这一技艺传承给下一代。再次，传统习俗的实践有助于培养家庭成员的文化自豪感。参与传统习俗活动的家庭成员会感到自己是传统文化的一部分，在传承着祖辈留下的宝贵文化遗产。这种文化自豪感可以激发他们对地域文化的热爱和自豪情感，使他们更愿意传承和弘扬这一文化。最后，传统习俗的实践有助于增强家庭的凝聚力。当家庭成员一起参与传统习俗活动时，他们可以在共同的活动中建立更紧密的情感联系。这些活动通常充满欢乐和互动，有助于加深家庭成员之间的亲情。通过一起庆祝传统节日、举行传统仪式，家庭成员更加紧密地联系在一起，形成了更加团结的家庭单位。总的来说，传统习俗在家庭中的实践不仅有助于将地域文化融入日常生活，还能够增强家庭成员对文化的认同感、培养文化自豪感，以及增强家庭的凝聚力。这一过程促进了优秀家风家教传统与现代的耦合，使家庭成了传承地域文化的重要载体。

综上所述，通过地域故事和传统习俗的传播，可以促进优秀家风家教传统与现代的耦合。这种方式有助于增强家庭成员对文化的认同感，更好地传承中华优秀传统文化，从而实现传统与现代的有机结合。

第八章　地域文化影响下家风家教传统性与现代性耦合作用

在当今社会，地域文化扮演着引导家庭价值观和教育传统的重要角色。而家风家教既受到地域文化的深刻影响，又在现代社会的多元背景下不断变化。家风家教传统性与现代性的耦合，既是对历史传统的尊重，也是对当代社会需求的回应。这种耦合不仅是家庭内部的调和，更在社会层面具有深远的影响，给社会带来了积极、深远的影响和变革。

一、地域文化影响下家风家教传统性与现代性耦合对青少年教育的作用

梁斌《播火记》第一卷中提到"一方水土养一方人"，这说明由于环境不同，人们的思想观念和文化特征也不同。无独有偶，在刘向所著《橘逾淮为枳》中，面对楚王"齐人固善盗乎"的发问，晏子回答："婴闻之，橘生淮南则为橘，生于淮北则为枳，叶徒相似，其实味不同。所以然者何？水土异也。今民生长于齐不盗，入楚则盗，得无楚之水土使民善盗耶。"该回答，赢得了楚王发自内心的赞许。由此可见，地域文化作为中华文化的重要组成部分，对生活在本区域内的人群产生了潜移默化的影响，从而培养了具有不同文化底蕴的人才，对人的影响可谓深远。

此外，家风家教被素有"礼仪之邦"之称的中国所看重。习近平在2015年春节团拜会上的讲话中："不论时代发生多大变化，不论生活格局发生多

第八章 地域文化影响下家风家教传统性与现代性耦合作用

大变化，我们都要重视家庭建设，注重家庭、注重家教、注重家风。"① 从小处看，家庭是社会的基本单位，人的世界观、人生观、价值观皆在家庭的影响下形成；从大处着眼，家风是社会风气的重要组成部分，家庭建设有利于弘扬良好的社会风气，推进社会主义精神文明建设。

地域文化影响下的家风家教既具有中华文化的共性，也带有自身的鲜明特性，深深影响着一代又一代青年志士。例如，浙江依山傍水，其"水性"文化特性从古至今深深根植于浙江人的品格塑造和人文情怀，培育出了浙江人开拓创新、敢于冒险的精神，也成就了一代又一代浙商传奇，其中不乏青年才俊和翘楚之辈。本部分将重点放在地域文化影响下家风家教传统性与现代性耦合对青少年的教育作用上，不再单纯围绕地域文化、家风、家教等名词界定展开赘述。在地域文化的影响下，融合了时代气息和传递了传统文化的家风家教对青少年的影响主要体现在对青少年成长过程中三观（世界观、人生观、价值观）的培养，对青少年未来择业观、就业观的影响，以及青少年对爱国主义精神的理解认知这三个维度上，具体论述如下。

（一）有利于青少年在成长过程中树立正确的世界观、人生观、价值观

论及地域文化因素及家风家教对青少年成长的作用，首先，不可避免地要对青少年这一年龄段人群进行界定。根据维基百科，青少年时期是身体和心理发展的过渡阶段，此阶段通常发生在青春期到法定成年期间。但其应有的身体、心理或文化表现可能会更早开始和更迟结束，认知发展和身体发育可持续至20多岁。从心理发展角度，格伦·H.埃尔德（Glen H.Elder）在20世纪60年代提出了青少年发展历程理论，制定了青少年发展通则——时间和地点通则、时间重要性通则、人生联系理念通则、人的能动性通则。时间和地点通则表明个人发展受制于他们的成长和地点；时间重要性通则是指人生大事对个人发展的影响取决于"它们发生于何时"；人生联系理念通则

---

① 习近平. 在2015年春节团拜会上的讲话（2015年2月17日）[EB/OL].（2015-02-17）[2024-10-22].https://www.gov.cn/xinwen/2015-02/17/content_2820563.htm.

则表明人的发展同时受制于当事人所属的关系网络；人的能动性通则认为，人的人生历程是经由当事人在历史和社会网络背景下所做出的选择和行动来构建的。①埃尔德的青少年发展通则有力地佐证了地域文化及家风家教对青少年健康成长的深远影响，人们应予以重视，这不仅关乎青少年的自身发展，更关系着民族和国家的前途命运，是满足国家"立德树人"的迫切现实需求。

其次，我国地域辽阔，民族众多，中华传统文化虽有其共性，但也有其个性，其中个性即体现在文化的地域性上。新石器时代，文化区域大致可分为黄河流域文化区、长江流域文化区、珠江流域文化区和北方文化区。隋唐后，文化可细分为齐鲁文化、燕赵文化、三秦文化、三晋文化、楚文化、吴越文化、巴蜀文化。其中，本书第二章主要论述了浙江以及河南的地域文化特征。从地理环境上看，浙江地处东南沿海，地势自西南向东北倾斜，地形复杂，素有"七山一水二分田"之称，受其地理要素影响，其文化也呈现出了柔智温婉、开放兼容、自强不息、开拓创新、重利事功、经世致用的特点；河南地处黄河以南，土地肥沃，气候温和，作为中华文明的发源地，中原文化博大精深，兼容并包。

地域精神丰富和影响着家风家教，可以促进青少年树立正确的世界观、人生观、价值观。以融入河南地域文化的家风家教为例，从古至今，有不少传递着"爱国奉献、刚健勤劳、自强不息、团结贵和、勤俭务实、励精图治、开拓进取"精神的河南人物故事，如勇于牺牲小我、实现富国强兵的变法家商鞅，为治水三过家门而不入的大禹，用血性撑起民族脊梁的革命烈士杨靖宇……当然也不乏在大灾大难面前挺身而出、奉献自我的河南地方企业，如在新型冠状病毒感染严峻之际，以濒临破产的白象方便面为代表的河南爱心企业慷慨解囊，勇担企业社会责任；2021年，河南郑州"7·20"特大暴雨灾害暴发之时，郑州某茶饮店毫不犹豫地捐出2200万元，赢得全网一致好评。这些励志人物和企业的故事通过网络媒体、学校课堂、家庭教育

---

① ELDER G H.The life course as developmental theory[J].Child Development,1998,69(1):1-12.

第八章 地域文化影响下家风家教传统性与现代性耦合作用

等多种渠道流传,将成为滋养当地青少年内心的宝贵精神财富,为青少年所认可,促使其成长成才,形成正确的世界观、人生观、价值观,成为新一代有担当的河南人。

与此同时,浙江也有不少经典家风家训(《钱氏家训》《了凡四训》《袁氏世范》等)流芳于世,更有以郑义门古建筑群、诸葛八卦村、西溪湿地·洪园为代表的实体性家风文化,对其地域内青少年人格塑造的影响不可小觑。同样,浙商,无论是传统名商,还是现代浙商,都不再仅仅是一个简单的经济学术语,背后更代表着敢闯敢干、吃苦耐劳、勇于创新的浙商文化精神。这些都能使新时代的青少年从中汲取更多的精神养分,坚持创新,干在实处,走在正途,勇立潮头,传承与弘扬新时代浙商精神,努力奋斗,创造美好的未来。

总而言之,经历过历史风雨洗礼的传统家风家教在地域文化的影响下有其个性,也体现了中华文化的共性。在与时代同呼吸、共命运之时,已不再是形而上学的教条主义,而是蕴含生机的动态文化。家教家训中对以人为本的认同、对"和"思想的追求以及对价值观的引领等,不仅体现在中华传统的文化基因中,更可实践于当下社会发展中,为高校课堂思政和思想政治教育提供了深厚的文化基础和优秀的教育素材。

焕发时代气息的传统家风家教可在青少年的世界观、人生观、价值观培养中发挥引领性的作用。习近平总书记对家风和青少年的发展予以高度重视,并就家风建设和青少年德育问题曾多次发表论述:"广大家庭都要重言传、重身教,教知识、育品德,身体力行、耳濡目染,帮助孩子扣好人生的第一粒扣子,迈好人生的第一个台阶。"[1] "少年儿童正在形成世界观、人生观、价值观的过程中,需要得到帮助。"[2] 从习近平总书记的讲话中可知,作为国家的未来和民族的希望,青少年的德育水平决定了国家未来公民的道德

---

[1] 习近平.在会见第一届全国文明家庭代表时的讲话(2016年12月12日)[N].人民日报,2016-12-16(2).
[2] 习近平.从小积极培育和践行社会主义核心价值观——在北京市海淀区民族小学主持召开座谈会时的讲话(2014年5月30日)[N].人民日报,2014-05-31(2).

水准,良好的家风家教是青少年形成健全人格和正确价值观的摇篮。

重视家风家教建设,发挥家庭教育在青少年品德培育中的积极作用,能减少社会教育机构对青少年的悲剧培养,有利于在青少年世界观、人生观、价值观形成和确立的关键阶段,让青少年在家庭中对优良的为人处世道德准则、行为规范和价值理念耳濡目染,将其内化于心。良好的家风家教不仅能为青少年提供价值引领,促进青少年身心健康发展,把青少年培养成有理想、有道德、有文化、有纪律的"四有"公民,更能弘扬社会良好风气,预防和减少青少年犯罪,共建社会主义和谐社会。

(二)有助于青少年在成长过程中树立正确的择业观和就业观

随着我国高等教育的大力普及,每年高校毕业生人数呈指数级增长,大学生的就业问题也成了社会关注热点。走近当代大学生的就业和择业,需要先了解什么是择业观、什么是就业观。所谓择业观,就是择业者根据自己的职业理想和能力,从社会上各种职业中选择其中一种作为自己从事的职业的过程。任何具备劳动能力的人,都要进入社会职业领域选择特定的职业。在职业选择过程中不仅要考虑到个人的需要、兴趣、能力等因素,还要考虑社会的发展。就业观是指就业时的观点、心态,它的形成主要在学校,学校根据市场导向、个人能力、知识水平等客观因素来指导学生树立正确的就业观。了解何为择业观、何为就业观能帮助人们更好地理解当代大学生树立就业观和择业观背后的考量因素。影响大学生择业心理的原因是多种多样的,它既与大学生的个性特点相联系,又与其面临的社会环境相关。一般来说,影响个体择业心理的因素可分为客观因素与主观因素,即社会环境及个性。[1]

高校毕业生流向主要分为升学、工作、自主创业。抛开升学不谈,在工作和自主创业方面,优秀的传统家风家教也能在当下为大学生提供很好的就业指导建议。

---

[1] 吴楚燕,唐定,王玮. 谈大学生择业心理与就业观教育[J]. 河北职业技术学院学报,2003(2):53-54.

1. 大学生在就业、择业问题上应坚持个人价值与社会价值相统一

在各地传统家风家教的影响下，很多先辈在选择个人安身立命之本业时，放眼于时代和国家发展的需要。"人民的好总理"周恩来早年就立志"为中华之崛起而读书"，将个人志向与民族独立相联系；出身自浙江绍兴的鲁迅先生在结合个人兴趣爱好和当时国家发展需要后，亦果断弃医从文，走上文艺救国之路。当代大学生应当把对国家、集体、社会的责任融入职业规划，结合社会发展需求，处理好个人发展与社会需求之间的关系，积极响应党和政府的号召，做一块砖，哪里需要哪里搬。

2. 大学生在就业、择业过程中应树立兢兢业业、恪尽职守的工作态度

树立中华优秀传统文化及其推崇的"敬业观"。《论语》记载了"执事敬""事思敬""修己以敬""事君，敬其事而后其食"。"执事敬"表明我国古代思想家孔子尤为推崇敬业精神。朱熹将爱岗敬业解释为"专心致志，以事其业"。三国时期著名的军事家诸葛亮以其一生诠释了"鞠躬尽瘁，死而后已"的敬业最高境界。当代大学生若想在职场上有所成就，应有兢兢业业、恪尽职守的工作态度，以古人爱岗敬业的工作精神勉励自身、鞭策自我。敬业精神也是为现当代企业所推崇的，企业文化包含敬业，希望员工以专业的态度和平常的心态做非凡的事情。

3. 大学生在就业、择业问题上应积极转变就业观念，勇于自主创业

在"大众创业、万众创新"的时代背景下，双创教育已成为提升大学生创新能力和就业能力的重要抓手，在推动高校师生创新创业上起到了重要的作用。将优良的家风家训融入高校双创教育，能更好地指导青少年进行就业、择业。在大学生自主创新创业平台建设中，应融入"艰苦奋斗"精神，激发学生勇于创新、艰苦奋斗的精神动力。[①] 此外，大学生在自主创业过程中，应秉承求真务实的中国优秀传统家训精神，结合地域经济发展实际情况

---

① 卢杰，王燕.中国传统家风家训文化融入大学生创新创业教育研究[J].创新与创业教育，2017，8（6）：65-68.

和当地传统文化特色。以东阳市木雕经济发展为例,东阳木雕历史悠久,扬名海外,居中国四大木雕之首,是东阳旅游发展的一张亮丽的宣传名片。近年来,木雕产业发展逐渐呈现产业化和国际化态势,在东阳市已建有木雕小镇、东阳中国木雕城。浙江广厦建设职业技术大学学子的木雕作品屡次在全国木雕技能竞赛中获奖,浙江广厦建设职业技术大学工艺美术学院亦计划落户东阳木雕小镇。当地学生可结合木雕产业链发展成熟的优势和学院木雕专业优势进行创业,提高创业成功率。

就业问题关乎大学生自身的切身利益,关乎国家经济发展和社会安稳,是高等教育和社会各界关注的热点。高校扩招、大学生自身就业理想与对应职业要求能力不匹配等问题不可忽视,这些问题广受教育界关注。优秀的传统家风家教作为中华优秀传统文化的组成部分,有着厚重的地域文化底蕴,与大学生就业观、择业观中所需的优秀精神品质相呼应,可作为当代大学生择业、就业的内在精神动力。

(三)有助于培养青少年的大局观,弘扬爱国主义精神

"一玉口中国,一瓦顶成家,都说国很大,其实一个家。一心装满国,一手撑起家。家是最小国,国是千万家。"歌曲《国家》中的寥寥数语道出了国人热忱的家国情怀。"家""国"两字构筑了中国人的精神天空。中华优秀传统文化处处彰显了中华儿女对小家的坚守、对大国的热爱,不少英雄人物为祖国抛头颅洒热血,他们的故事指引着人们前进。从商朝"戎马易针黹,朱袖伐千军"的女性军事统帅妇好(她为国挺身而出,出兵救国,不仅是中华民族的骄傲,更是女性楷模)到"牧羊北海边,心存汉社稷"的苏武(他出使匈奴,遭受刁难,不辱使命),从"血战歼倭,勋垂闽浙"的抗倭名将戚继光到"生的伟大,死的光荣"为革命事业英勇献身的刘胡兰;从拥有"烽火连三月,家书抵万金"的忧国忧民情怀的杜甫到心怀天下的顾宪成……家国情怀根植于中国人的内心深处,源远流长。

爱国情怀不仅扎根于国人内心深处,更离不开生生不息的家教家风传承。与国家、民族命运休戚与共的壮志,心系苍生的历史责任感,即始于

"家"，正如《礼记》所言，"欲治其国者，先齐其家；欲齐其家者，先修其身"，即由己而家，由家而国，将个人、家庭、国家联系在一起，从更为深远的角度考虑生命的意义，将家庭情感与爱国情怀融于一体。"忧国忧民"的家国情怀作为中国传统文化的主旋律之一，也在各地家风家教中屡见不鲜。历史上有许多仁人志士承担家庭重任，以此报效祖国，实现了从"小我"到"大我"的转变。例如，在河南地域文化中，历史上爱国奉献的典范数不胜数，古有岳飞精忠报国，革命时期有烈士吉鸿昌英勇抗日，中华人民共和国成立后更有"焦裕禄精神""红旗渠精神""大别山精神"鼓舞着中华儿女亲民爱民、艰苦奋斗……由此可见，家风家教中传递的爱国主义意识对青少年的心灵具有潜移默化的影响，代代传承，以天下为己任的使命感培养即始于家。

在当代，爱国主义精神作为中华民族精神的核心，是中华民族团结奋斗、自强不息的精神纽带，也是当代青少年的成长成才之基。培养社会主义建设者和接班人，先要培养好青少年的爱国情怀。党的十八大以来，以习近平同志为核心的党中央领导高度重视爱国主义教育，其中，习近平总书记就弘扬爱国主义精神教育多次作出重要论述。例如，2018年5月2日，在北京大学师生座谈会上，习近平总书记指出："我们是中华儿女，要了解中华民族历史，秉承中华文化基因，有民族自豪感和文化自信心。要时时想到国家，处处想到人民，做到'利于国者爱之，害于国者恶之'。"[1] 2021年4月9日，习近平总书记在清华大学考察时指出："当代中国青年是与新时代同向同行、共同前进的一代，生逢盛世，肩负重任。广大青年要爱国爱民，从党史学习中激发信仰、获得启发、汲取力量，不断坚定'四个自信'，不断增强做中国人的志气、骨气、底气，树立为祖国为人民永久奋斗、赤诚奉献的坚定理想。"[2] 弘扬爱国主义精神有利于落实立德树人的根本任务，让爱国主义精神深入青少年内心，助力青少年成长成才，成为德智体美劳全面发展的

---

[1] 习近平. 在北京大学师生座谈会上的讲话（2018年5月2日）[EB/OL].（2015-05-02）[2024-10-22].https://www.gov.cn/gongbao/content/2018/content_5294413.htm.
[2] 习近平总书记关于弘扬爱国主义精神重要论述[J]. 中国军转民，2021（20）：16-22.

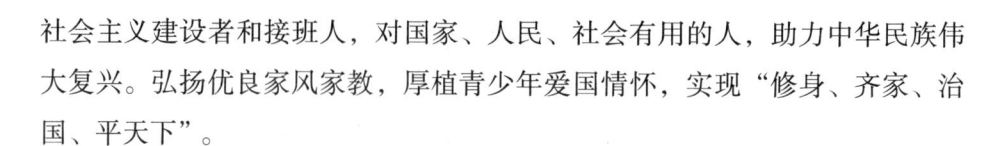

社会主义建设者和接班人,对国家、人民、社会有用的人,助力中华民族伟大复兴。弘扬优良家风家教,厚植青少年爱国情怀,实现"修身、齐家、治国、平天下"。

综上所述,传统家风家教具有深刻的文化内涵,是教育家庭成员养成良好道德的基础,也是形成社会良好道德风尚的关键,对青少年的生活观、就业观、个人与国家关系三方面影响重大。在地域文化的影响下,优秀传统家风家教有利于青少年树立正确的世界观、人生观、价值观,促进个人健康人格、品质生成,提高国民道德意识;优秀传统家风家教有利于青少年建立良好的就业观和择业观,形成良好的职业发展认知,具备良好的社会适应能力;优秀传统家风家教有利于弘扬爱国主义精神,让青少年内心形成大局意识,将个人发展与国家需要、社会发展紧密结合,为实现中华民族伟大复兴而奋斗。青少年对于国家、民族的意义重大,是国家的未来和民族的希望。注重家风家教是我国的优良传统,家风家教所承担的社会教育功能无可代替,良好的家风家教在青少年道德修养和生活行为习惯等方面的培养中发挥着重要作用,有利于引导青少年扣好人生的第一颗扣子,促进一代又一代人的健康成长,推进社会主义精神文明建设。

二、地域文化影响下家风家教传统性与现代性耦合对家庭文化建设的作用

家庭在社会发展中具有重要作用,拥有深厚底蕴的家庭文化,更是对社会的发展起着至关重要的作用。本部分旨在探索在地域文化影响下家风家教传统性与现代性耦合对家庭文化建设的作用。

(一)有关家庭文化研究的文献综述

张立志在《对家庭文化建设的思考》中指出,家庭文化的建设在提高公民的思想道德素质、优化人们的家庭生活方式、提高家庭成员的文化素养等方面具有重要的意义,同时家庭文化建设存在着不够重视、片面性、重物质

轻精神等问题。① 沈媛认为，家庭文化影响消费，同时消费行为、消费观点影响着家庭文化的形成。② 王丽丽认为，新时代我国家庭文化既存在发展机遇，也面临着一些挑战，为此，其提出需要通过确立新时代家庭文化建设的指导思想、明确新时代家庭文化建设的中心内容、健全新时代家庭文化建设的运行机制等路径来确保新时代我国家庭文化的健康发展。③ 曾燕萍、刘霞通过研究认为，政府应继续扩大文化财政支出规模，加大公共财政对文化事业的支持力度、优化公共文化财政支出结构、合理配置公共文化服务资源，对中高收入的城镇家庭而言，应加强文化服务供给，为居民提供多样化、个性化和富有创意的优质文化产品。④ 邓遂对城镇化进程中的家庭文化转型问题进行了研究，其认为家庭文化转型就是家庭文化从传统乡村农耕文化向现代城镇工商文化转型与农民个体身份意识从传统臣民意识向现代城镇市民身份意识转化的家庭深层心理与文化的综合转型过程。⑤

查阅有关家庭文化的研究文献，明显发现关于家庭文化的质性研究居多，并且不同的学者对家庭文化的研究侧重点有所不同，比如前面所述的张立志、王丽丽、邓遂等学者的侧重点在于家庭文化在建设中的问题、作用，沈媛、曾燕萍和刘霞等学者重视家庭文化与其他元素的关系研究。综上所述，关于地域文化影响下家风家教传统性与现代性耦合对家庭文化建设的作用研究较为薄弱，基于此，本书将对地域文化影响下家风家教传统性与现代性耦合对家庭文化建设的作用进行初步研究，丰富有关研究内容，以期达到抛砖引玉的效果。

---

① 张立志.对家庭文化建设的思考[J].人口与计划生育，2016（4）：23-24.
② 沈媛.信息消费需求视角下家庭文化反哺的变革探析[J].现代交际，2018（3）：41-43.
③ 王丽丽.对新时代家庭文化建设的思考[J].山西高等学校社会科学学报，2019，31（4）：54-57.
④ 曾燕萍，刘霞.政府公共文化支出对家庭文化消费的影响研究：基于中国家庭追踪调查的分析[J].消费经济，2020，36（2）：29-39.
⑤ 邓遂.城镇化进程中的家庭文化转型问题[J].特区经济，2020（11）：137-139.

（二）家庭文化的概念界定

关于家庭文化的研究，不同的学者对家庭文化概念的界定有所不同，我国学者李桂梅在《家庭文化概论》中对家庭文化做了有关概念的界定，其认为家庭文化是人类为了生存与发展而选择的具有婚姻关系和由此而产生血缘关系的人类群体，以及他们共同生活的方式和全部生活内容。① 此外，宋希仁在《家庭文化》一书中指出，家庭文化分三个层次：一是表层文化，即物化环境；二是中层文化，即家庭制度和生活方式；三是家庭成员的思想道德和情操。三部分有机统一，构成了完整的家庭文化。② 可见，不同的学者对家庭文化概念的界定侧重点有所不同。本书结合以上两位学者以及其他学者对家庭文化概念界定的定义，综合认为家庭是家庭价值观念及行为形态的总和，包括稳定的生活方式、家庭道德以及行为习惯。

（三）地域文化影响下家风家教传统性与现代性耦合对家庭文化建设的重要性

1.传承优秀的传统家风家教文化是形成优良家庭文化的内在诉求

随着时代的发展，人们快节奏的生活方式使得家庭更像一个栖息的场所，日出而作，日落而息，家庭文化的建设早已被抛之脑后。近几年，居高不下的离婚率似乎可以成为忽略家庭文化建设的真实反映。家庭是一个充满爱的地方，家庭文化更是家庭情感依托精神旨归，它是一个家的精神标识，给人以温暖。我国自古便重视家庭文化的建设，如孝文化、尊老爱幼、相亲相爱、恭谦礼让、勤俭持家、诚信待人等。这些优秀的传统家风家教经历了中华民族几千年的发展，依然符合当今社会发展的主流价值。优秀的传统家风家教文化以无形的力量影响着家庭成员的言行举止，维持着和谐、温馨的家庭环境。此外，优秀的家风家教不仅对家庭环境有着很好的导向作用，还在家庭成员的成长过程中具有正确的导向作用，如家庭子女在成长的过程

---

① 李桂梅.家庭文化概论[M].长沙：湖南师范大学出版社，1998：36.
② 宋希仁.家庭文化[M].北京：中国方正出版社，2016.

中，由于受到优秀传统文化的影响，能够明辨是非，少走弯路。同时，传承优秀的传统家风家教文化也是一个社会对家庭文化的衡量标准。因为家庭成员无时无刻不与他人相处，一个家庭成员如何待人接物、如何礼貌用语，往往容易成为他人口中衡量的标准。

传承优秀的传统家风家教需要每一代人共同努力，将优秀的传统家风家教用于优化家庭环境，助力子女成长成才，传承优秀的传统家风家教文化是形成优良家庭文化的内在诉求。

2.传统的家风家教融入新时代元素是家庭文化与时俱进的必要之举

传统的家风家教既有优秀的一面，也有糟粕的一面。助人为乐、和待乡邻、与人为善、宽厚谦恭、尊师重道等是传统家风家教中的优秀一面，男尊女卑、女子无才便是德、棍棒下出孝子等，是传统家风家教中糟粕的一面。对待传统的家风家教要用新时代辩证的观点，吸收精华，摒弃糟粕。随着我国经济的发展，家庭结构、社会结构较之以往均发生了较大的变化，如城镇化进程的发展使得传统的农村村落正在被慢慢"蚕食"，家庭结构也由以往的大家庭逐步发展为小家庭等。这些变化无形地对传统的家风家教提出新的考验。例如，《颜氏家训》中有这么一段话："夫风化者，自上而行于下者也，自先而施于后者也。是以父不慈则子不孝，兄不友则弟不恭，夫不义则妇不顺矣。父慈而子逆，兄友而弟傲，夫义而妇陵，则天之凶民，乃刑戮之所摄，非训导之所移也。笞怒废于家，则竖子之过立见；刑罚不中，则民无所措手足。治家之宽猛，亦犹国焉。"这段话的大概意思是家庭文化中的家风家教一定要自上而行，这样下面的人才会听取，如果上面的人做不好，下面的人也就不会做好。《颜氏家训》显然带有"上下级"的家风家教管理思维。随着时代的发展，这种所谓的"上下级"也许并不合理，如郑州市的"小手拉大手"文明创建活动，鼓励学生给父母讲家风，就创新了家风家教的传统模式。郑州市的"小手拉大手"文明创建活动的本质是传统的家风家教融入新时代元素，即众生平等，并不一定家风家教的形成完全取决于长辈。另外，随着信息时代的快速发展，家风家教的形成并非一定采用面对面教育的形式，也可以通过新时代的通信设备进行"隔空传话"，也许这样的方式更方便被理解和接纳，久而久之更易形成了符合新时代的家庭文化。因此，传统的家风家教融入新时代元素是家庭文化与时俱进的必要之举。

三、地域文化影响下家风家教传统性与现代性耦合对社会主义核心价值观的培育作用

中华民族有着源远流长的历史文化，随着中华民族的发展，源远流长的历史文化深刻地融入中华民族儿女的骨髓和血液。如《论语》中的"人者，仁也"。春秋时期便提倡仁爱之心。又如，"老吾老，以及人之老；幼吾幼，以及人之幼"，这种尊老爱幼的思想也早在几千年前便得到重视。类似的优良传统文化数不胜数。由于中国地大物博，随着中华民族的发展，各区域的人民由于受到特定区域的生态、民俗、传统、习惯等文明表现的影响，便渐渐地对文化进行潜移默化的"取舍"，比如浙江的商业文化，浙江区域更加重视"经商之道"。又如河南的中原文化，处处体现出仁义、忠贞、孝廉等传统文化的元素。当然，随着中国经济的快速发展以及社会文明的进步，传统文化也发生了一些变化，但是传统文化中有着恒久普遍价值的因素，它们是中国文化的常道，并不会因为中国进入现代化而变得毫无意义。家风家教便是恒久普遍价值的元素之一，因为家风家教是关于家庭建设的文化教育因素，只要家庭存在，那么家风家教必然存在。[①] 家风家教的存在也必然使传统文化与现代文化产生"火花"，尤其是对当前社会主义核心价值观的影响。

（一）关于家风家教与社会主义核心价值观的文献综述

家风家教是促进社会主义核心价值观传播的有效途径，也是学术界热点研究的领域。本部分就有关家风家教与社会主义核心价值观的研究进行了文献梳理，发现关于家风家教的研究主要以定性研究居多，并且研究较广泛，具有一定的借鉴价值。比如，王占钰、赵娜认为价值观的养成有多种途径，但是家风家教是促进社会主义核心价值观传播和形成正确个人价值观的

---

① 李存山. 家风十章 [M]. 南宁：广西人民出版社，2016：185.

重要而又特别有效的载体。① 马传静认为，好家风是促进社会主义核心价值观真正内化于心、外化于行的有效途径，应该通过好家风来激发社会主义核心价值观在基层、在民间的活力。② 耿向娟以社会主义核心价值观的引领为视角对传统家风家教的现代化转向进行了研究，认为家风家教对塑造道德人格、促进家庭和睦、维护社会和谐等具有重要意义，在家风家教的传承和弘扬过程中应当探索适当的方式促进优良传统家风家教与现代文明相结合的方式。③ 龚曼霞认为，家风是中国悠久历史文明进程中形成的优良文化传统，深刻影响着个人品德的养成和社会风气的形成，需要加强重点人群的社会主义核心价值观培养，甚至还需要家校联合建立长效机制促进社会主义核心价值观的传播。④ 闫平认为，优化家风家教有利于社会主义核心价值观的培育和践行，对此他从挖掘中华优良传统家风家教文化思想、党员干部规范行为、社区文化培育等角度提出促进社会主义核心价值观的传播。⑤ 梁丹论述了优良家风家教在培育大学生社会主义核心价值观中的作用，认为优良家风家教贴近生活、贴近实际，是培育和践行社会主义核心价值观的有效载体，对大学生的思想观念、道德品质具有重要影响。⑥

通过相关的研究可以发现，有关家风家教与社会主义核心价值观研究的主要视角是家风家教对培育社会主义核心价值观的作用、重要性以及实践路径。而关于地域文化背景下家风家教的研究较少，在地域文化影响下家风家教传统性与现代性耦合对社会主义核心价值观的培育作用的研究更少。因

---

① 王占珏，赵娜.家风建设与社会主义核心价值观的习惯养成[J].决策探索，2016（12）：41-42.

② 马传静.家风视角下的社会主义核心价值观建设[J].传承，2016（5）：84-85.

③ 耿向娟.论传统家风家教的现代化转向：以社会主义核心价值观的引领为视角[J].产业与科技论坛，2018，17（4）：158-159.

④ 龚曼霞.社会主义核心价值观融入家风美德路径研究[J].中国领导科学，2017（12）：67-69.

⑤ 闫平.借鉴我国传统家风家教文化创新培育和践行社会主义核心价值观的实践路径[J].理论学刊，2019（3）：90-97.

⑥ 梁丹.论优良家风在培育大学生社会主义核心价值观中的作用[J].开封文化艺术职业学院学报，2021，41（7）：90-91.

此，本书具有一定的创新性，能够在一定程度上丰富家风家教与社会主义核心价值观的研究视角和研究内容。

（二）社会主义核心价值观的概念界定

研究地域文化影响下家风家教传统性与现代性耦合对社会主义核心价值观践行的促进作用，需要厘清社会主义核心价值观的概念。什么是社会主义核心价值观？党的十八大首次从国家、社会、个人等层面对社会主义核心价值观进行了明确界定。富强、民主、文明、和谐，自由、平等、公正、法治，爱国、敬业、诚信、友善是社会主义核心价值观的基本内容，也是社会主义核心价值体系的精神内核。社会主义核心价值观体现了社会主义核心价值体系的根本性质和基本特征，反映了社会主义核心价值体系的丰富内涵和实践要求，是社会主义核心价值体系的高等凝练和集中表达，是现阶段全国人民对社会主义核心价值观的最大公约数，具有强大的感召力。[1]

（三）地域文化影响下家风家教传统性与现代性耦合是培育社会主义核心价值观的基石

习近平总书记在2015年春节团拜会上指出："家庭是社会的基本细胞，是人生的第一所学校。不论时代发生多大变化，不论生活格局发生多大变化，我们都要重视家庭建设，注重家庭、注重家教、注重家风，紧密结合培育和弘扬社会主义核心价值观，发扬光大中华民族传统家庭美德，促进家庭和睦，促进亲人相亲相爱，促进下一代健康成长，促进老年人老有所养，使千千万万个家庭成为国家发展、民族进步、社会和谐的重要基点。"[2] 此外，习近平总书记也提出，一种价值观要真正发挥作用，必须融入社会生活，让

---

[1] 沈壮海，王易. 思想道德与法治[M]. 北京：高等教育出版社，2021：102
[2] 习近平. 在2015年春节团拜会上的讲话（2015年2月17日）[EB/OL].（2015-02-17）[2024-10-22].https://www.gov.cn/xinwen/2015-02/17/content_2820563.htm.

第八章　地域文化影响下家风家教传统性与现代性耦合作用

人们在实践中感知它、领悟它。① 家风家教是培育社会主义核心价值观的基础，家风家教传统性与现代性的耦合有利于在实践中感知、领悟社会主义核心价值观。

习近平总书记在 2015 年春节团拜会上指出，家庭是社会的基本细胞，不论生活格局发生多大的变化，我们都要重视家庭建设，发扬传统美德，促进家庭和睦，促进亲人相亲相爱。此外，习近平总书记也提出，一种价值观要真正发挥作用，必须融入社会生活，让人们在实践中感知它、领悟它。可见，家风家教是培育社会主义核心价值观的基础，有利于在实践中感知、领悟社会主义核心价值观。

1.有利于弘扬民族精神和时代精神，促进社会主义核心价值观的传播

家风家教是一个家庭主流价值观的体现，也是地域主流文化的体现。随着我国经济的快速发展，社会文明的进步、家庭结构的变迁带来了家风家教的改变，传统的家风家教烙有现代文明的标志，传统的家风家教与现代性家风家教相互融合、相互影响，在时代的发展中弘扬民族精神和时代精神，促进社会主义核心价值观的传播。比如，浙商文化，自春秋战国时期，浙江便出现了大量的商人从事酿酒业、纺织业、冶炼业等，浙商为了生存发展，历尽千辛万苦创新创业，日出而作、日落而息、辛苦劳作，经过长时间的沉淀，直到现在，浙江的酿酒行业及冶炼行业等技术仍相当发达。在浙商文化中，家风家教更加重视创业精神、创新精神、担当精神、合作精神、法治精神、奋斗精神。又如，中原文化，从古至今爱国忧民是融进河南人民血液中的，古有花木兰替父从军、岳飞精忠报国，革命时期有吉鸿昌、杨靖宇、彭雪枫的爱国奉献，当代有焦裕禄、史来贺立党为公、执政为民。中原文化蕴含着爱国奉献、刚健勤劳、自强不息、团结贵和、勤俭务实等文化精神。

---

① 习近平在中共中央政治局第十三次集体学习时强调把培育和弘扬社会主义核心价值观作为凝魂聚气强基固本的基础工程 [EB/OL].（2014-02-25）[2024-10-22].https://www.gov.cn/ldhd/2014-02/25/content_2621669.htm.

从时间的角度分析，浙商文化、中原文化是某个地域文化的代表，其对家风家教产生了潜移默化的影响，优良的传统文化在商业文化、中原文化的地域文化中得以传承和发展，与现在的文化融为一体，弘扬了民族精神和时代精神。从空间的角度分析，无论是浙商文化，还是中原文化，虽烙有地域文化的特点，但是两大主流地域文化依然有相通、相似的地方，如浙商文化中的创业精神、创新精神、担当精神、合作精神、法治精神等在中原文化中也可以找到，如岳飞精忠报国，在岳飞的身上既能体现爱国主义，也能体现担当精神，同样促进了社会主义核心价值观的传播。

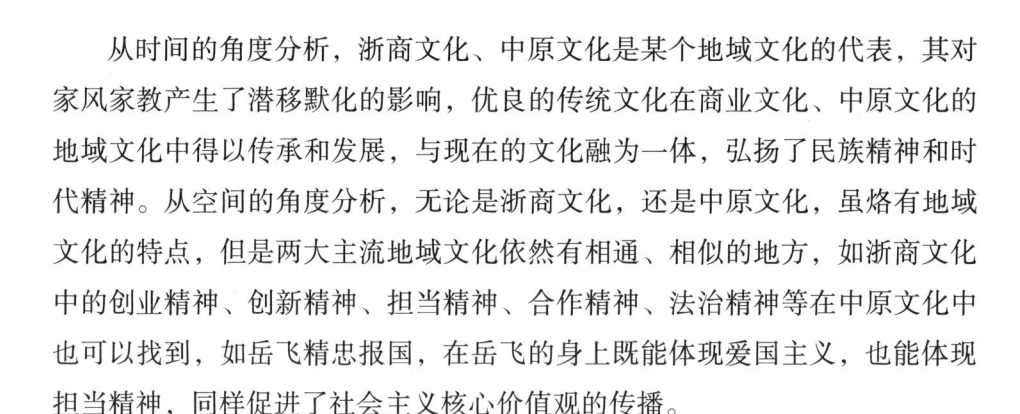

2.为促进社会主义核心价值观提供原始场域

家庭是社会的重要组成部分，是个人、社会、国家三个层面之间的纽带。家风家教是具有恒久普遍价值的元素之一，只要家庭存在，家风家教便不会消失，家庭是家风家教的重要载体。在人的成长教育过程中，家庭教育是其最先接触的教育方式，相对于其他教育方式，家庭教育是个体塑造价值观、传播社会主义核心价值观的原始场域。

一方面，优良的传统家风家教与现代家风家教的融合有利于促进家庭成员对主流价值观的认同，是传播社会主义核心价值观的"出生地"。个体在成长过程中，最先浸润的是家庭教育的氛围，虽然家风家教没有明确的条条框框，也没有详细的理论为基础，但是在个体成长过程中发挥着润物细无声的教育功能，促进个体成长，尤其是在地域文化的影响下，如浙江省民营经济占比超过60%，其家风家教中蕴含着创新、创业的教育思想，在一定程度上促进了社会主义核心价值观的传播。又如，中原文化是中华文化的缩影，其历史悠久、积淀深厚，即使在外来文化的冲击下，河南省依然重视自己的中原文化，2021年以《祈》命名的水下敦煌舞在全国掀起了国风文化的潮流。《祈》的成功绝不是偶然，而是对中原文化深层次的研究和发自内心的认可，这种深层次的研究和发自内心的认可在某种程度上来自家风家教的耳濡目染，同样传播了社会主义核心价值观的核心思想。

另一方面，优良的传统家风家教与现代家风家教的融合有利于彰显新时代家风家教风范，是促使人们将社会主义核心价值观内化于心的途径。随着我国改革开放的不断深入，社会文明、家庭结构都发生了较大的变化，家风家教也会受到影响，它会随着时代的发展而发展，不断地融入新的元素，从而确保与新时代主流价值观的一致性。比如重农轻商、学而优则仕、棍棒下出孝子等家风家教已不再适应时代的发展要求，这些旧的、不合理的家风家教需要及时摒弃，应当用社会主义核心价值观指导家风家教的建设，从而彰显新时代家风家教风范，从内心深刻认知社会主义核心价值观。

四、地域文化影响下家风家教传统性与现代性耦合对社会文化的影响

在地域文化的深刻影响下，家风家教传统性与现代性的耦合对社会文化产生了广泛而深远的影响，以下从四个方面详细论述这种影响。

（一）促进了传统价值观的传承与社会认同

地域文化强调的传统价值观，如尊重长辈、孝顺父母、家族团结等，通过代际传承在家庭中得以扎根。这种传承不仅在家庭内部形成了积极的家风家教，更在社会层面构建了共同的认同基础。社会成员对这些传统价值观的认同形成了社会文化的核心，推动社会朝着积极向善的方向发展。家庭内部的传承对家风家教的形成具有至关重要的作用，而地域文化所强调的传统价值观在这一传承过程中发挥着关键性的作用。

1. 尊重长辈是地域文化中常见的传统价值观之一

在家庭内部，这一价值观通过代际传承在家庭成员中得以延续。例如，在某地域文化中，强调尊重长辈的传统通过代际传承在家庭中形成了一种尊敬长者的家庭文化。这种传承不仅是一种行为规范，更是一种道德观念的传递。在这种家庭文化中，家庭成员会通过言传和身教的方式向下一代传递尊重长辈的重要性，使这一传统价值观在家庭中深深扎根。尊重长辈作为地域文化的传统价值观，在家庭代际传承中发挥着深远的作用。这一传统价值观不仅是一种表面的行为规范，更深层次地反映了对长辈智慧、经验和家族传统的尊敬与认同。通过家庭文化的代际传承，尊重长辈的观念在家庭成员的

思想中根深蒂固。在地域文化中，尊重长辈的传统通过代际传承，在家庭中形成了一种强烈的尊敬长者的文化氛围。这不仅是一种礼仪，更是一种深刻的道德认同，将长辈视为家庭中的智者和引领者。这种文化的传承不仅停留在表面上，更渗透到家庭成员的价值观念中，形成了一种内在的家庭伦理。这样的传承不仅限于言传，更通过身教的方式，长辈在实际行动中树立了尊敬的榜样，使下一代深刻理解尊重长辈的内涵。这种尊重观念成为家庭中的一种共识，通过代际传承，使得尊重长辈的传统价值观在家庭中得以延续。

2.孝顺父母是另一个在地域文化中被强调的传统价值观

这一价值观强调子女对父母的敬爱和孝顺，通过代际传承在家庭中形成了明确的家风。例如，某地域文化中对孝顺父母的传承不仅表现在言传方面，更体现在实际行动中，如关心父母的生活、尽力满足父母的需求等。这种传承使得孝顺父母成为家庭中的一种共同行为准则，成为家风的重要组成部分。

这些传统价值观的代际传承不仅在家庭内部形成了明确的家风，也在社会层面产生了深远的影响。这些价值观在家庭成员中建立了共同的认同基础，推动社会朝着积极向善的方向发展。因此，地域文化中强调的传统价值观通过家庭内部的代际传承，不仅塑造了家风家教，也对社会文化产生了积极而深远的影响。孝顺父母作为地域文化传统中的重要价值观，在家庭的代际传承中扮演着关键角色。这一传统价值观不仅是口头上的规范，更深刻地植根于家庭成员的日常行为和思想观念之中。在地域文化中，孝顺父母的传承是一项涉及情感、道德和行为的全方位过程，通过这一过程，家庭内形成了鲜明的家风，影响着家庭成员的行为和家庭氛围。

首先，孝顺父母的传承包含丰富的情感因素。家庭成员通过亲身经历或者通过祖辈的故事，感知到父母对子女的无私关爱和奉献。这种情感的传承不仅是一代代传递的教诲，更是一种深沉的家庭情感基础。孝顺父母的传承涉及家庭成员情感态度的形成，这对增强家庭内部的凝聚力和稳定性具有积极作用。因此，孝顺父母的情感传承在地域文化的影响下形成了家庭内部的凝聚核心。

其次，孝顺父母的传承在行为层面得到具体体现。这并不仅是一种传统的规范，更是一种实际行动的传递。在家庭中，孝顺父母的实际行为表现为对父母生活的关心、对其需求的尽力满足等。这种实际行为的传承是孝顺父母这一传统价值观在家庭中具体体现的关键环节，通过这种行为传承，家庭内形成了共同遵循的道德准则。

最后，孝顺父母的传承影响着家庭氛围的形成。在这种价值观的引导下，家庭成员之间建立了基于关爱和尊重的相互关系。这使得家庭成员在面对困境时更加团结，共同面对生活的风风雨雨。孝顺父母的传承对于家庭氛围的形成和家庭成员间关系的和谐性有着显著的正向影响。因此，孝顺父母的传承不仅是家庭内部的道德规范，更是家庭共同价值观的体现。

综上所述，孝顺父母作为地域文化传统的重要组成部分，通过情感、行为和家庭氛围的传承，深刻地影响着家庭成员的思想观念和家庭文化的形成。这种传承不仅是一代代家庭成员之间的沟通，更是家庭内部共同价值观的延续。因此，孝顺父母的传承在传统与现代相结合的过程中，为家庭内部关系和社会作用提供了有力的支持。

（二）促进了文化交流与社会融合

不同地域文化的家风家教传统性与现代性耦合形成了多元化的家庭文化，促进了文化交流与社会融合。这种文化的多样性给社会带来新的思维和观念，激发了社会的创新活力。文化的融合对社会的包容性和多元性产生了积极的影响，推动社会文化向更加开放和进步的方向发展。

地域文化在家风家教传统性与现代性耦合方面的影响不仅体现在家庭内部，还通过促进文化交流与社会融合对整个社会产生了深远的影响。不同地域文化的家庭传统在耦合传统与现代元素的过程中形成了多元化的家庭文化。这种多元化反映了地域文化的独特性和家庭在传承中的创新。例如，某地域文化注重家族团结，通过将这一传统与现代社会中的家庭互动平台相结合，使得家庭在传统基础上展现出现代家庭互动的新面貌。这样的多元化家庭文化为社会提供了不同家庭之间相互学习、交流的契机。这种多元化的家庭文化不仅在家庭内部形成了丰富的家风家教，也在社会层面促进了文化交流。通过家庭成员的互动、交流,不同家庭的文化特色得以传播和分享。这种文化交流使得社会中的不同家庭能够更好地理解和尊重彼此的文化传统,形成了社会文化的多元共存。文化交流与社会融合的推动还表现在激发了社会的创新活力上。不同地域文化的碰撞和融合,为社会注入了新的思维和观念。家庭作为文化传承的基本单位,其传统与现代相结合的创新实践影响着整个社会。例如,某地域文化注重传统技艺的传承,家庭可能通过将这一传统技艺与现代科技相结合,创造出独特的文化产品,为社会文化带来新的艺术表达形式。最终,这种文化交流与社会融合促使社会文化向更加开放和进步的方向发展。通过不同地域文化家庭的互动,社会逐渐形成了更加包容和多元的文化氛围。这有助于消除文化的隔阂,推动社会向更加开放和进步的方向迈进。

综上所述,地域文化影响下家风家教传统性与现代性的耦合促进了文化交流与社会融合,为社会文化的多元发展提供了推动力。

(三)促进了社会认同的形成

在地域文化的影响下,家风家教传统性与现代性的耦合对社会认同的形成具有深远的影响。

首先,通过地域文化传承的家风家教在家庭中形成了独特的认同。不同地域文化强调的价值观、传统习俗等在家庭代际传承中得以扎根,形成了家庭内部的文化特色。例如,某地域文化注重家族团结,家庭成员在传承这一传统的同时,通过现代方式将其注入日常生活,形成了既传统又富有创新的家庭文化。

其次,这种特有的文化传统在现代社会中融入创新元素,形成了独具特色的家庭文化。家庭成员通过在传统的基础上引入现代元素,使得家庭文化更加符合当代社会的需求和价值观。例如,某地域文化强调对长辈的尊重,家庭可以通过结合现代教育理念,使孩子在尊重传统的同时具备创新能力。这种独特的家庭文化增强了家庭在社会中的认同感。社会成员对这种特色文化的认同,使得家庭不仅是个体的生活单元,更是社会文化多元性的体现。

通过家庭文化的传承和创新，家庭在社会中建立了独特的身份认同，成为社会文化多元性的重要组成部分。这种社会认同感促使社会文化多元发展。通过各个家庭的认同特色相互交融，社会形成了更加包容和多元的文化格局。这不仅推动了社会文化的繁荣，也使得社会成员更加理解和尊重不同家庭的文化传统，构建了一个充满活力和创新的社会文化环境。

综上所述，在地域文化的影响下，家风家教传统性与现代性的耦合不仅在家庭内部形成了独特的认同，还在社会中推动了文化的多元发展。这种社会认同的形成不仅丰富了社会文化，也给社会带来了更为包容和繁荣的文化格局。

（四）促进了文化创新与社会发展

地域文化影响下的家风家教传统性与现代性的耦合促使家庭在传统的基础上进行创新和发展。这种创新不仅在文化传承中具有活力，还给社会带来文化的创新与发展。通过在传统文化中注入现代元素，家庭成为文化创新的重要阵地，对社会的发展产生积极而深远的影响。地域文化对家庭文化的影响是多方面而深刻的，尤其在家风家教的传统性与现代性耦合方面更是呈现出丰富的内涵。地域文化的独特性为家庭传承提供了坚实的基础，而这一传承又在现代社会中表现出独特的文化创新，推动社会发展。

首先，地域文化作为家庭传承的源泉，承载了丰富的历史和文化传统，包括家庭价值观、道德准则以及特有的习俗等。这些传统不仅在家庭内部形成了积极的家风家教，更在社会层面构建了共同的认同基础。社会成员对这些传统价值观的认同形成了社会文化的核心，推动社会朝着积极向善的方向发展。

其次，地域文化的独特性在现代社会中成为家庭彰显自身特色的基础。不同地域文化的独特性使得每个家庭都可以在传统的基础上进行创新和发展，形成具有一定特色的家风家教。例如，某地域文化强调家族团结和尊重长辈，家庭可以在这一传统基础上结合现代生活方式，打造出既传统又符合现代需求的家庭文化。家庭在传承地域文化时，要善于挖掘和弘扬地域文化的独特性，以实现传统与现代的有效结合。这意味着家庭不仅要传承地域文化的传统元素，还要在这一基础上进行创新，将独特性融入现代家庭生活，使传统性与现代性在家庭文化中相互交融。

最后，弘扬地域文化的独特性是传承的关键。通过强调并传播地域文化的独特性，家庭可以在家庭成员中建立对地域文化的认同感，增强对传统的自豪感。这有助于形成对独特性的共鸣，使地域文化在家庭中得到深入传承。通过将独特性融入现代家庭生活，家庭能够实现传统性与现代性的有效结合。这种结合不仅体现了地域文化的传承，更使得家庭在现代社会中能够更好地适应和发展。这一过程不仅体现了地域文化对家庭的深远影响，还给社会文化的创新与发展提供了有力的支持。因此，地域文化影响下家风家教传统性与现代性的耦合在促进文化创新和社会发展方面发挥着重要作用。

第九章 存在问题与未来展望

一、存在问题

研究地域文化对家风家教的传统性与现代性耦合机制的影响确实存在一些问题，这些问题主要包括以下几个方面。

（一）定义问题

1. 地域文化的定义

地域文化指的是特定地区的文化传统、价值观念、生活习俗等在当地形成的一种特有的文化形态。然而，在不同的研究中，对于地域文化的定义可能存在着模糊性。有些研究可能仅仅将地域文化定义为地理位置所决定的文化差异，忽视了历史、民俗、宗教等方面的内涵。因此，在研究中需要对地域文化进行更为清晰和全面的定义，以确保研究的准确性和可比性。

2. 家风家教的定义

家风家教是指家庭传承的价值观念、行为规范、教育方式等，是一种家庭文化的体现。然而，不同研究对家风家教的理解和界定可能存在差异。有些研究可能仅仅将家风家教理解为父母对子女的教育方式，忽视了更广泛的家庭文化传承和社会价值观念的影响。因此，在研究中需要对家风家教进行清晰界定，包括其内涵、范围以及影响因素等方面的内容。

3. 传统性与现代性的定义

传统性和现代性是对文化、社会、价值观念等的两种不同属性的描述。

传统性指的是传统的、保守的、历史悠久的文化特征和价值观念，现代性则指的是现代化的、开放的、前卫的文化特征和价值观念。然而，在研究中对传统性与现代性的理解可能存在歧义。有些研究可能仅仅将传统性和现代性理解为时间上的先后次序，忽视了其背后所蕴含的深层次文化逻辑和社会变迁。因此，在研究中需要对传统性与现代性进行更为准确和全面的理解，包括其内涵、特征以及转变过程等方面的内容。

（二）方法论问题

在研究地域文化对家风家教传统性与现代性耦合机制的影响时，方法论问题是一个至关重要的方面，因为它关乎研究的可靠性、全面性和适用性。

1.局限于特定因素的分析

地域文化对家风家教的影响是一个多因素综合作用的过程，包括但不限于历史、经济、社会结构、宗教信仰、政治制度等。然而，一些研究可能过于集中对某一特定方面的分析，忽视了其他因素的影响。例如，某些研究可能过于强调历史因素对家风家教的影响，忽视了当代社会结构和经济发展对家庭价值观念的塑造作用。这种局限性会导致研究结果的片面性，不足以反映地域文化对家风家教的全面影响。

2.研究方法的单一性

研究方法的单一性也是一个常见问题。有些研究可能过于依赖某一种研究方法，如定性分析或定量分析，忽视了多种方法相结合的优势。例如，定性研究可以深入探讨地域文化对家庭教育的影响，定量研究则可以提供更广泛的数据支持和统计分析。综合运用多种研究方法，可以更全面地了解地域文化对家风家教的影响。

3.数据获取和分析的局限性

研究地域文化对家风家教的影响需要大量的数据支持，包括历史文献、调查数据、实地考察等。然而，一些研究可能数据获取困难或者受到数据质量的限制。例如，历史文献可能不完整或者存在解释性偏差，调查数据可能受到样本选择偏差或者回答偏差的影响。这些问题会影响研究结果的可靠性。

4.跨学科研究的不足

地域文化对家风家教的影响是一个涉及多个学科领域的复杂问题，包括文化学、社会学、人类学、历史学等。然而，一些研究可能缺乏跨学科的视野，导致研究结果缺乏整体性和系统性。例如，文化学可以帮助人们理解地域文化的内涵和特征，社会学可以帮助人们理解家庭教育在社会结构中的地位和作用，人类学可以帮助人们理解家庭教育的文化背景和传承方式。综合考虑这些不同学科领域的知识和方法，可以更全面地理解地域文化对家风家教的影响。

综上所述，解决这些方法论问题的关键在于采用综合性的研究方法，综合考虑多种因素的影响，并确保数据的充分性和可靠性。同时，促进跨学科合作，吸引不同学科领域的专家参与研究，以为解决这些问题提供更好的途径。

（三）比较问题

比较问题在研究地域文化对家风家教的传统性与现代性耦合机制时至关重要。地域文化的影响具有相对性，即不同地域的文化背景可能导致家风家教的传统性与现代性呈现出不同的特点。因此，进行跨地域的比较分析是为了更全面地了解地域文化对家风家教的影响。

1.地域文化的相对性

地域文化是由地理环境、历史传统、社会制度、宗教信仰等因素共同塑造而成的。不同地域的文化背景各异，导致了家庭教育在传统性与现代性上的差异。例如，一些地区的传统文化非常强大，家庭教育更加侧重传统价值观念的传承和继承；在一些现代化程度较高的地区，家庭教育可能更注重培养孩子的自主性和创新意识。

2.跨地域比较分析的重要性

跨地域比较分析可以帮助人们发现不同地域之间家庭教育的异同，从而深入理解地域文化对家风家教的影响。通过比较不同地域的家庭教育实践、家风家教传承方式、家庭价值观念等方面的差异，可以帮助人们更好地把握地域文化对家庭教育的影响程度和方式。

3.方法论上的挑战

跨地域比较分析面临着一些方法论上的挑战。首先，需要选择合适的地域进行比较，以确保比较结果具有代表性和可信度。其次，需要统一研究方法和标准，以保证比较结果的可比性和可靠性。最后，需要克服数据获取和语言沟通等方面的障碍，确保跨地域比较研究的顺利进行。

4.理论意义和实践价值

跨地域比较分析不仅有助于学术界深入探讨地域文化对家风家教的影响，也为实践提供了重要的参考和启示。通过比较不同地域的家庭教育实践，可以帮助人们发现并借鉴其他地区的成功经验，从而优化和改进本地的家庭教育政策和实践。

综上所述，跨地域的比较分析是研究地域文化对家风家教传统性与现代性耦合机制影响的重要方法之一。通过比较不同地域的家庭教育实践和文化传承方式，可以更全面地理解地域文化对家庭教育的影响，为促进家庭教育的现代化和传统文化的传承提供理论和实践支持。

（四）数据问题

目前关于地域文化对家风家教影响的研究往往缺乏足够的数据支持，研究结果往往是基于个别案例或者个人经验的总结，缺乏系统性和科学性。因此，需要进行大样本、多角度的数据收集和分析，以便更加准确地揭示地域文化对家风家教的影响。

在研究地域文化对家风家教的传统性与现代性耦合机制的影响时，数据问题的详细论述如下。

1. 数据支持的不足

当前对地域文化对家风家教影响的研究普遍存在数据支持不足的问题。研究者常常依赖少量个别案例或者个人经验，缺乏足够的大样本数据支持。由于地域文化对家庭教育的影响是一个多元、复杂的过程，因此需要更广泛、更全面的数据来支撑研究结论的可靠性和普适性。

2. 数据收集的挑战

数据收集面临着多种挑战。首先，样本选择的问题十分关键。选择具有代表性的样本对研究结论的准确性至关重要，但在实际操作中可能会受到地域、文化背景等因素的影响。其次，问卷设计需要充分考虑到地域文化的特点和家庭教育的实际情况，以确保问卷的有效性和可信度。此外，实地调查也需要克服地域文化的差异、语言沟通的障碍等问题，确保数据的准确性和完整性。

3. 多角度的数据分析

在进行数据分析时，需要采用多种方法进行综合分析，以揭示地域文化对家风家教的影响。这包括统计分析、内容分析、质性分析等多种方法的综合运用。通过对不同地域、不同群体的数据进行比较和归纳，可以更准确地了解地域文化对家庭教育的影响程度和方式。

4. 大样本研究的重要性

为了更加准确地揭示地域文化对家风家教的影响，需要进行大样本、多角度的数据收集和分析。大样本研究可以提高研究结果的可靠性和普适性，减少由于个别案例或个人经验造成的偏差。通过大规模的数据收集和分析，可以更深入地理解地域文化对家庭教育的影响，为家庭教育的现代化和传统文化的传承提供更有力的支持。

综上所述，数据问题在研究地域文化对家风家教的传统性与现代性耦合机制的影响中具有重要作用。

(五)理论框架问题

1. 理论框架的重要性

理论框架是研究设计和实施的基础,它提供了对研究对象进行解释和理解的基本结构。在研究地域文化对家风家教的影响时,理论框架可以帮助研究者将各种影响因素整合起来,系统地分析地域文化对家庭教育的作用机制,从而形成相对完整和连贯的研究结论。

2. 缺乏统一的理论框架

目前的研究缺乏统一的理论框架,导致研究结果碎片化和不连贯。一些研究可能基于心理学、社会学、人类学等不同学科的理论,但这些理论往往只能解释部分现象,无法全面解释地域文化对家庭教育的影响。因此,需要建立一个系统、完整的理论框架,以便更好地理解地域文化对家风家教的影响。

3. 建立系统完整的理论框架的挑战

建立系统、完整的理论框架面临着一系列挑战。首先,需要对地域文化、家风家教、传统性、现代性等相关概念进行清晰、准确的界定,以建立理论框架的基础。其次,需要综合运用不同学科的理论,如文化相对主义、现代化理论、家庭系统理论等,构建一个既有针对性又有整体性的理论框架。最后,需要不断地对理论框架进行修正和完善,以适应不断变化的研究对象和研究环境。

4. 理论框架的潜在价值

建立系统、完整的理论框架可以为研究者提供一个有力的工具,帮助他们更好地理解地域文化对家风家教的影响。同时,理论框架可以为政策制定者和实践者提供指导,促进家庭教育的现代化和传统文化的传承,为构建和谐社会提供理论和实践支持。

综上所述,建立系统、完整的理论框架对研究地域文化对家风家教的传统性与现代性耦合机制的影响至关重要。这需要克服一系列挑战,并在实践和修正中不断完善，以更好地促进家庭教育的发展和传统文化的传承。

二、未来展望

地域文化对家风家教的传统性与现代性耦合机制的研究展望可以从以下几个方面进行阐述。

（一）深入挖掘地域文化对家庭教育的影响

本书对地域文化影响下家风家教的传统性与现代性耦合机制进行了一定的研究。当深入挖掘地域文化对家庭教育的影响时，需要对地域文化的多个方面进行详细分析。

1. 历史传承的影响

地域文化的影响往往源自其悠久的历史传承。研究者可以通过对地域文化的历史背景、文化传统、重要事件等进行详细的考察，以了解其对家庭教育的影响。例如，某些地区可能受到传统礼教的影响，强调家长权威和子女顺从，另一些地区可能更注重家庭成员之间的平等和尊重。

2. 社会结构的作用

地域文化与当地的社会结构密切相关，社会结构的变化会直接影响到家庭教育的传统性与现代性。研究者可以从家庭结构、社会阶层、就业形态等方面入手，分析地域文化与家庭教育之间的关系。例如，在传统农业社会中，家庭教育可能更加注重传统技能和道德价值的传承，而在现代城市社会中，家庭教育可能更加强调学业和职业发展。

3. 价值观念的传承

地域文化往往具有独特的价值观念，这些观念在家庭教育中起着重要作用。研究者可以深入探究地域文化中的家庭价值观念，如对家庭责任、孝道、尊重长辈等的理解和传承情况。通过深入研究地域文化中这些价值观念的演变和传承方式，可以更好地理解其对家庭教育的影响。

4.家庭教育模式的演变

地域文化对家庭教育模式的影响是一个动态的过程，随着社会发展和文化变迁而不断演变。研究者可以通过跨时空的比较分析，追踪不同时期、不同地域的家庭教育模式的变化轨迹。这种研究方法可以揭示地域文化对家庭教育的长期影响，并为未来家庭教育的发展提供启示和借鉴。

综上所述，深入挖掘地域文化对家庭教育的影响需要对地域文化的历史传承、社会结构、价值观念传承和家庭教育模式演变等方面进行详细的论述。通过对这些方面的深入研究，可以更全面地理解地域文化对家风家教传统性与现代性耦合机制的影响。

（二）跨学科研究的加强

1.整合多学科视角的必要性

地域文化对家庭教育的影响是一个复杂而多维度的问题，仅仅依靠单一学科的视角往往无法全面理解。例如，文化学可以提供关于地域文化的历史、传统、价值观念等方面的信息；社会学可以分析地域文化与家庭结构、社会关系等的关系；心理学可以探究地域文化对个体心理发展的影响；教育学可以研究地域文化对教育观念和实践的影响。因此，加强跨学科合作可以使研究更具综合性和更有深度。

2.跨学科方法的运用

在进行地域文化对家庭教育影响的研究时，可以采用多种跨学科方法，如文本分析、案例研究、调查问卷、实地观察、实验研究等。这些方法可以根据研究问题和具体情况相互补充和整合，从而更全面地了解地域文化对家庭教育的影响。

3.学科交叉融合的促进

跨学科合作可以促进学科之间的交叉融合，从而创造新的研究领域和方法。例如，文化心理学、社会心理学等跨学科领域的发展就是学科交叉融合的典型。在地域文化对家庭教育影响的研究中，可以探索不同学科的交叉点，形成新的理论框架和方法论。

4. 理论与实践结合的重要性

跨学科合作应该注重理论与实践的结合，将学术研究成果应用于对实际问题的解决。例如，可以通过与地方政府、学校、家庭等相关方的合作，将研究成果转化为实践成果，为地方教育改革、家庭教育指导提供科学依据。这样的跨学科合作有助于促进地域文化的传承与发展，推动家庭教育的现代化与进步。

5. 国际合作的拓展

跨学科合作也可以在国际范围内进行，借鉴其他国家或地区的研究经验和方法。例如，可以开展国际合作项目，与其他国家或地区的研究团队共同探讨地域文化对家庭教育的影响机制，促进全球范围内的学术交流和合作。

综上所述，加强跨学科合作与交流有助于推动地域文化对家庭教育传统性与现代性耦合机制的影响的深入研究。通过整合多学科视角、运用跨学科方法、促进学科交叉融合、注重理论与实践结合以及拓展国际合作，可以为深入理解地域文化对家庭教育的影响提供更加全面和深入的研究成果。

（三）借鉴其他文化背景的经验

1. 借鉴其他地区或国家的经验

未来的研究可以借鉴其他地区或国家的经验，通过比较不同地域文化背景下家庭教育的特点和模式来发现共性和特性。这种比较研究可以从多个角度进行，包括家庭教育的目标、内容、方式、制度等方面。通过比较分析，可以发现不同地域文化对家庭教育的影响机制，为本地的家庭教育改革和发展提供借鉴和启示。

2. 开展跨国合作项目

跨学科合作可以在国际范围内展开，开展跨国合作项目，与其他国家或地区的研究团队共同研究地域文化对家庭教育的影响。这种合作可以通过学术交流、联合研究、共同撰写论文等形式进行。通过与国际合作伙伴的合作，可以获取更多样化的研究数据和视角，为研究提供更广阔的视野。

3.组织国际会议与学术交流活动

组织国际会议和学术交流活动是促进跨学科合作与交流的有效途径。可以邀请来自不同国家或地区的专家、学者分享各自的研究成果和经验，展示不同地域文化对家庭教育的影响。这种交流活动有助于促进学术交流与合作，提高研究水平和影响力。

4.建立跨学科研究团队

建立跨学科研究团队是实现跨学科合作的关键。团队可以由来自不同学科领域的专家、学者组成，共同开展研究项目。通过团队合作，可以充分利用各自的专业知识和技能，深入探究地域文化对家庭教育的影响，获得更加全面和深入的研究成果。

5.应用跨文化研究方法

在跨学科合作中，可以运用跨文化研究方法探究不同地域文化对家庭教育的影响。这种方法可以通过比较分析、文化解释、跨文化调查等手段，揭示不同地域文化之间的共性和特性，深入理解地域文化对家庭教育传统性与现代性耦合机制的影响。

综上所述，跨学科合作与交流在研究地域文化对家风家教传统性与现代性耦合机制影响方面的展望包括借鉴其他地区或国家的经验、开展跨国合作项目、组织国际会议与学术交流活动、建立跨学科研究团队以及应用跨文化研究方法等。这些措施可以促进学术交流与合作，推动研究领域的发展和进步。

（四）关注当代社会变迁对家庭教育的影响

社会变迁对家庭教育产生了重要影响。当考虑社会变迁对地域文化传统性与现代性以及家庭教育的影响时，可以从以下几个方面进行阐述。

1.城市化进程的影响

城市化进程不仅改变了人们的生活方式和社会结构，还对地域文化和家庭教育产生了深远影响。在城市化背景下，人口流动增加、社会关系变得更为复杂，传统的家庭结构和教育模式可能受到挑战。城市化可能导致家庭教育观念的更新和变革，促进家庭教育模式的多样化和现代化。研究可以深入探讨城市化进程对不同地域家庭教育传统性与现代性的影响，以及城市化如何推动新型的家庭教育模式和价值观念的形成。

2. 经济发展对家庭教育的影响

经济发展水平对地域文化和家庭教育有重要影响。随着经济发展，家庭的经济条件和社会地位可能会发生变化，这可能会影响到家庭教育的投入、目标和内容。例如，经济发展可能促进了教育资源的丰富化和普及化，但也可能加剧教育资源的不均衡分配。研究可以关注经济发展对不同地域家庭教育传统性与现代性的影响，以及如何通过政策和措施促进家庭教育的公平和质量的提升。

3. 信息技术的普及对家庭教育的影响

随着信息技术的普及，家庭教育的方式和模式也在发生变化。信息技术为家庭教育提供了更多的资源和渠道，同时带来了新的挑战和问题。例如，网络教育、远程教育等新型教育方式可能会改变家庭教育的传统模式和观念。研究可以探讨信息技术的普及对不同地域家庭教育传统性与现代性的影响，以及如何更好地利用信息技术促进家庭教育的创新和发展。

4. 新型家庭教育模式和价值观念的形成

社会变迁将促使新型家庭教育模式和价值观念的形成。例如，在城市化和经济发展的背景下，可能会出现新型的家庭教育模式，如亲子互动教育、家校合作教育等。同时，家庭教育的价值观念也可能发生变化，如对个性发展、创新意识等价值的重视。研究可以深入探讨这些新型家庭教育模式和价值观念的形成路径，以及它们与地域文化的关系。

通过以上详细的讨论，人们可以更充分地理解社会变迁对不同地域家庭教育的影响，为未来的研究提供更多的思路和方向。

(五)加强实证研究和政策建议

1.注重实证研究

实证研究的重要性在于通过大样本、长期跟踪调查等方法,获取更具说服力的研究证据。这种研究方法能够提供更加客观、科学的数据支持,有助于揭示地域文化对家庭教育的实际影响。例如,可以采用纵向研究设计,跟踪调查不同地域、不同家庭的教育实践和家庭价值观念的变化,以及这些变化对家庭教育传统性与现代性的影响。

2.为政策制定者提供科学依据和建议

研究成果应该能够为政策制定者提供科学依据和建议,以促进地域文化的传承与创新,推动家庭教育的现代化。例如,可以根据研究结果提出有针对性的家庭教育政策建议,如促进地方教育资源的均衡配置、支持家庭教育的多样化发展等。

3.推动学术与实践的结合

跨学科合作与交流应该促进学术与实践的结合,将研究成果应用于实际问题的解决。例如,可以组织相关培训和研讨会,向教育从业者介绍最新的研究成果,并与其探讨如何将这些成果应用于实际教育工作中。

4.建立跨学科团队的合作

为了实现以上目标,需要建立跨学科的研究团队,共同开展研究项目。这样的团队可以由来自文化学、社会学、心理学、教育学等不同学科领域的专家、学者组成,共同探讨地域文化对家庭教育的影响。通过跨学科团队的合作,可以充分利用各自的专业知识和技能,形成更全面、深入的研究成果。例如,可以开展跨学科的研究项目,共同探讨地域文化对家庭教育的影响,从不同学科的角度深入分析其影响机制。

通过以上详细的论述,人们可以更充分地理解加强实证研究和政策建议在研究地域文化对家风家教传统性与现代性耦合机制影响方面的展望,并为未来的研究提供更多的思路和方向。

综上所述，未来地域文化影响下家风家教的传统性与现代性耦合机制的研究展望包括深入挖掘影响、加强跨学科研究、借鉴其他文化背景的经验、关注当代社会变迁对家庭教育的影响以及加强实证研究和政策建议。这些方面的研究将有助于人们更好地理解和应对地域文化对家庭教育的影响，推动家庭教育的现代化和传统文化的传承。

参考文献

[1] 杨云.浙江名人家风研究：传承、创新与弘扬[M].杭州：浙江工商大学出版社，2019.

[2] 中共中央马克思恩格斯列宁斯大林著作编译局.马克思恩格斯选集：第4卷[M].3版.北京：人民出版社，2012.

[3] 中共中央马克思恩格斯列宁斯大林著作编译局.马克思恩格斯选集：第1卷[M].3版.北京：人民出版社，2012.

[4] 罗昌智.浙江文化教程[M].杭州：浙江工商大学出版社，2009.

[5] 张新斌.中原文化解读[M].郑州：文心出版社，2007.

[6] 郦道元.水经注[M].上海：上海古籍出版社，1990.

[7] 周振鹤.汉书地理志汇释[M].合肥：安徽教育出版社，2006.

[8] 贾洪哲.崇孝尚义冠江南：郑绮与郑氏家风[M].郑州：大象出版社，2016.

[9] 丛艳姿.芝兰玉树生庭阶：谢安与谢氏家风[M].郑州：大象出版社，2016.

[10] 房玄龄，等.晋书·谢尚传[M].北京：中华书局，1974.

[11] 沈约.宋书·谢庄传[M].北京：中华书局，1974.

[12] 姚思廉.梁书·文学·谢几卿传[M].北京：中华书局，1973.

[13] 姚思廉.梁书·谢蔺传[M].北京：中华书局，1973.

[14] 姚思廉.陈书·谢贞传[M].北京：中华书局，1972.

[15] 房玄龄，等.晋书·谢安传[M].北京：中华书局，1974.

[16] 沈约. 宋书·谢瞻传 [M]. 北京：中华书局，1974.

[17] 徐震堮. 世说新语校笺·容止 [M]. 北京：中华书局，1984.

[18] 房玄龄，等. 晋书·谢尚传 [M]. 北京：中华书局，1974.

[19] 房玄龄，等. 晋书·谢安传 [M]. 北京：中华书局，1974.

[20] 房玄龄，等. 晋书·谢琰传 [M]. 北京：中华书局，1974.

[21] 房玄龄，等. 晋书·谢混传 [M]. 北京：中华书局，1974.

[22] 房玄龄，等. 晋书·谢万传 [M]. 北京：中华书局，1974.

[23] 房玄龄，等. 晋书·谢鲲传 [M]. 北京：中华书局，1974.

[24] 徐震堮. 世说新语校笺·任诞 [M]. 北京：中华书局，1984.

[25] 房玄龄，等. 晋书·谢石传 [M]. 北京：中华书局，1974.

[26] 房玄龄，等. 晋书·谢玄传 [M]. 北京：中华书局，1974.

[27] 闵梦得. 漳州府志 [M]. 厦门：厦门大学出版社，2012.

[28] 黄荣春. 福州市郊区文物志 [M]. 福州：福建人民出版社，2009.

[29] 钱文选. 士青全集：卷六 家训 [M]. 北京：商务印书馆，1939.

[30] 郑太和. 郑氏规范 [M]. 北京：商务印书馆，1937.

[31] 吴光. 刘宗周全集：第八册 [M]. 杭州：浙江古籍出版社，2012.

[32] 黄文熙，王凤玲，刘云霞主编. 守望河南：中原传统文化的传承与创新 [M]. 北京：中国言实出版社，2011.

[33] 袁采. 丛书集成新编. 第33卷. 袁氏世范 [M]. 台北：台湾新文丰出版公司，1985.

[34] 张利民. 象山历代家训家风研究 [M]. 宁波：宁波出版社，2016.

[35] 管仁富. 河南家训家规 [M]. 郑州：中州古籍出版社，2016.

[36] 二十五史刊委员会. 宋史 [M]. 上海：开明书店，1935.

[37] 武东生. 人之父 [M]. 天津：南开大学出版社，2000.

[38] 费成康. 中国的家法族规：修订版 [M]. 上海：上海社会科学出版社，2016.

[39] 陈宏谋. 五种遗规 [M]. 北京：线装书局，2015.

[40] 曾枣庄，刘琳. 全宋文 [M]. 上海：上海辞书出版社，2006.

[41] 季煐.民国浦城高路季氏宗谱卷·谱训[M].[出版地不详]:[出版者不详],1913.

[42] 陈雪涛.义门陈氏大同宗谱、彝陵分谱:卷二[M].[出版地不详]:[出版者不详],2001.

[43] 朱熹.四书集注[M].陈戍国,标点.长沙:岳麓书社,2004.

[44] 颜之推.颜氏家训[M].诚举,胡兴文,蔡莉,译注.昆明:云南人民出版社,2003.

[45] 中共中央党史和文献研究院.习近平关于注重家庭家教家风建设论述摘编[M].北京:中央文献出版社,2021.

[46] 杨巴金.杨万里家族纪略[M].南昌:江西人民出版社,2017.

[47] 陈寿灿,杨云.以德齐家:浙江家风家训研究[M].杭州:浙江工商大学出版社,2015.

[48] 习近平.习近平谈治国理政:第二卷[M].北京:外文出版社,2017.

[49] 中国共产党章程[M].北京:人民出版社,2017.

[50] 胡雪城.家庭家教家风概论[M].武汉:湖北人民出版社,2020.

[51] 宋希仁.家风家教[M].北京:中国方正出版社,2002.

[52] 比尔基埃,克拉比什-朱伯尔,雪伽兰,等.家庭史——现代化的冲击:2[M].袁树仁,赵克非,邵济源,等译.北京:生活·读书·新知三联书店,1998.

[53] 刘建基,刘汉林.家庭家教家风[M].武汉:华中科技大学出版社,2021.

[54] 苏霍姆林斯基.要相信孩子[M].汪彭庚,译.天津:天津人民出版社,1981.

[55] 刘云生.中国家法家风家教[M].北京:中国民主法制出版社,2017.

[56] 杨伯峻.论语译注[M].北京:中华书局,1980.

[57] 汪受宽.孝经译注[M].上海:上海古籍出版社,1998.

[58] 杨伯峻.孟子译注[M].北京:中华书局,1980.

[59] 周敦颐.周敦颐集[M].谭松林,尹红,整理.长沙:岳麓书社,2002.

[60] 辛华,任菁.内在超越之路:余英时新儒学论著辑要[M].北京:中国广

播电视出版社，1992.

[61] 张新斌. 中原文化解读 [M]. 郑州：文心出版社，2007.

[62] 金耀基. 中国现代化与知识分子 [M]. 台北：时报文化出版事业有限公司，1982.

[63] 尼葛洛庞帝. 数字化生存 [M]. 胡泳，范海燕，译. 海口：海南出版社，1997.

[64] 习近平. 习近平谈治国理政 [M]. 北京：外文出版社，2014.

[65] 干春松. 制度化儒家及其解体 [M]. 北京：中国人民大学出版社，2003.

[66] 礼记·孝经 [M]. 胡平生，陈美兰，译注. 北京：中华书局，2007.

[67] 荀况. 荀子 [M]. 上海：上海古籍出版社，2014.

[68] 陈君慧. 中华家训大全 [M].2 版. 哈尔滨：北方文艺出版社，2016.

[69] 颜之推. 颜氏家训 [M]. 易孟醇，夏光弘，译注. 长沙：岳麓书社，1999.

[70] 曾国藩. 曾国藩家书 [M]. 西安：三秦出版社，2018.

[71] 包东波. 中国历代名人家训精粹 [M].2 版. 合肥：安徽文艺出版社，2010.

[72] 杨继盛. 杨忠愍公遗笔 [M]. 北京：中华书局，1985.

[73] 蒋伊. 中国历代名人家训精粹 [M]. 合肥：安徽文艺出版社，2000.

[74] 王志文，牛继舜. 中华文化传承与传播策略研究 [M]. 北京：经济日报出版社，2017.

[75] 黑格尔. 历史哲学 [M]. 王造时，译. 上海：上海出版社，2006.

[76] 孙中山. 孙中山选集 [M]. 北京：人民出版社，1981.

[77] 梁漱溟. 中国文化要义 [M]. 上海：学林出版社，1987.

[78] 高亨. 诗经今注 [M]. 上海：上海古籍出版社，1980.

[79] 李桂梅. 家庭文化概论 [M]. 长沙：湖南师范大学出版社，1998.

[80] 宋希仁. 家庭文化 [M]. 北京：中国方正出版社，2002.

[81] 李存山. 家风十章 [M]. 南宁：广西人民出版社，2016.

[82] 本书剪辑组. 思想道德与法治：2021 年版 [M]. 北京：高等教育出版社，2021.

[83] 戴宏纾. 中华优秀传统家风的传承与发展研究 [D]. 锦州：渤海大学，2021.

[84] 陈苏珍.以红色家风涵养当代大学生价值观研究[D].福州：福建师范大学，2020.

[85] 孙立刚.优良家风建设的当代价值及其路径[D].大连：辽宁师范大学，2019.

[86] 李文珂.新时代我国家风建设存在的问题及对策[D].沈阳：沈阳师范大学，2019.

[87] 刘芳.中国家庭结构变迁及发展趋势研究：基于家庭微观仿真模型[D].北京：中国社会科学院大学，2022.

[88] 刘馨泽.家庭结构变迁下新时代家风建设研究[D].桂林：桂林电子科技大学，2022.

[89] 怀雪玲.家风的当代价值及其实现路径研究[D].石家庄：河北师范大学，2019.

[90] 汤薇.当前我国优良家风的建设问题研究[D].南京：南京财经大学，2018.

[91] 胡月.基于优秀传统家风传承的现代家风建设研究[D].成都：西南交通大学，2018.

[92] 吴凯龙.家庭伦理视阈下的领导干部家风建设研究[D].重庆：西南政法大学，2018.

[93] 王娟.培育和传承优良家风的探索及实践[D].绵阳：西南科技大学，2017.

[94] 赵杰.优良家风在家庭教育中的传承与创新研究[D].郑州：郑州轻工业学院，2018.

[95] 李淑敏.中华优秀传统家训文化传承发展研究[D].长春：吉林大学，2020.

[96] 权丽竹.中国传统礼仪文化对当代大学生价值观的影响与对策研究[D].太原：太原理工大学，2021.

[97] 周建松.新修订的职业教育法护航高职教育高质量发展[J].中国高等教育，2022（17）：59-61.

[98] 黄可滢.家庭教育的价值重建与实践改进：学校家庭教育指导的创新实

践 [J]. 中小学德育，2023（12）：49-51.

[99] 马郑豫，杨圆圆，苏志强. 童年期儿童受欺凌发展的亚群组及其与家庭功能的关系：一项 2 年追踪研究 [J]. 中国临床心理学杂志，2024，32（2）：323-329.

[100] 孙兰英，卢婉婷. 家风家教是培育和践行社会主义核心价值观的基础 [J]. 思想教育研究，2014（12）：80-83.

[101] 王彩萍. 浙江地域文化精神刍议 [J]. 浙江万里学院学报，2009，22（4）：5-8.

[102] 本刊编辑部.《郑氏规范》："江南第一家"的传世家训 [J]. 社会治理，2015（3）：91-92.

[103] 顾燕.《1949 年以来中国家谱总目》著录规则的特点与编纂意义 [J]. 图书馆理论与实践，2022（4）：126-130.

[104] 谢琳惠. 家谱中"祖"字文化内涵探究——以河洛地区若干家谱为例 [J]. 图书馆，2015（8）：99-102，110.

[105] 林锦香. 中国家训发展脉络探究 [J]. 厦门教育学院学报，2011，13（4）：45-51.

[106] 李江伟. 中国家训发展史略 [J]. 金田，2012（8）：128.

[107] 朱冬梅. 中国传统家训文化的载体初探 [J]. 中北大学学报（社会科学版），2022，38（6）：61-67.

[108] 王若，李晓非，邵龙宝. 浅谈中国古代家训 [J]. 辽宁师范大学学报，1993（6）：39-43.

[109] 陈寿灿，于希勇. 浙江家风家训的历史传承与时代价值 [J]. 道德与文明，2015（4）：118-124.

[110] 李永芳. 中国古代传统家族制度的历史嬗变 [J]. 湖南社会科学，2022（1）164-172.

[111] 蒙晨. 中国近代家族制度的形式与族权的特点 [J]. 广西社会科学，1987（1）：55-66.

[112] 嵇威. 新媒体时代优秀传统家风文化传播路径探析 [J]. 汉字文化，2022（16）：3.

[113] 童辉杰,宋丹.我国家庭结构的特点与发展趋势分析[J].深圳大学学报（人文社会科学版）,2016,33（4）:118-123,149.

[114] 宋健."四二一"结构:形成及其发展趋势[J].中国人口科学,2000（2）:41-45.

[115] 王尚斌.新时代家风建设的时代价值探究[J].今古文创,2022（13）:114-116.

[116] 王常柱.中国家风的多维本质、历史本原与现代境遇[J].河北学刊,2017,37（6）:217-222.

[117] 王明强,董英洁.家庭教育的困境与改善策略[J].教育观察,2021,10（7）:31-33.

[118] 靳义亭,郭婧斐.当下社会不良家风的现状、原因分析及解决路径[J].洛阳理工学院学报（社会科学版）,2016,31（2）:52-56,89.

[119] 茅文婷.社会知名人士的家国情怀[J].新湘评论,2014（7）:18-20.

[120] 吴潜涛,刘函池.中华优秀传统家风的主要表征及其当代转换与发展[J].中国高校社会科学,2018（1）:112-122,159.

[121] 刘晓飞,廉武辉,刘小艳.从"家风"建设看梁启超的"梁氏家教"[J].教育文化论坛,2016,8（2）:8-12.

[122] 徐俊.当代优秀家风的时代内涵与培育路径[J].学习论坛,2015,31（9）:64-68.

[123] 李振刚.社会主义核心价值观引领下的现代家风构建[J].北华航天工业学院学报,2017,27（6）:49-51.

[124] 张琳,陈延斌.传承优秀家风:涵育社会主义核心价值观的有效路径[J].探索,2016（1）:166-171.

[125] 易新涛.全面从严治党要注重家风[J].中南民族大学学报（人文社会科学版）,2016,36（6）:7-8.

[126] 郑智辉.传统孝文化及其现代价值[J].前沿,2003（2）:110-113.

[127] 杨全国.传统文化的心性论[J].柴达木开发研究,2008（1）:50-52.

[128] 杨华,杨玉垚.诚信观的传统思想资源及其现代阐释[J].决策与信息,

2022（3）：35-43.

[129] 于影丽，毛菊. 乡村教育与乡村文化研究：回顾与反思 [J]. 教育理论与实践，2011，31（8）：12-15.

[130] 解丽霞. 制度化传承·精英化传承·民间化传承：中国优秀传统文化传承体系的历史经验与当代建构 [J]. 社会科学战线，2013（10）：1-6.

[131] 赵世林. 论民族文化传承的本质 [J]. 北京大学学报（哲学社会科学版），2002（3）：10-16.

[132] 张自慧. 古礼"礼治"的反思与当代和谐的构建 [J]. 南昌大学学报（人文社会科学版），2009（4）：8-12.

[133] 毋磊，周蕾，马银琦. 高质量职业本科人才培养模式的现实向度与行动路径：基于21所职业技术大学教育质量报告的文本分析 [J]. 中国高教研究，2023（5）：101-108.

[134] 车梦菲. 习近平道德观的精神内涵、价值旨趣与实践路向 [J]. 福建教育学院学报，2020，21（7）：1-6.

[135] 明成满，傅桐耶，姜强强. 地方优秀传统文化融入中学思政课程教学研究：以融入高中"哲学与文化"为中心 [J]. 淮阴师范学院学报（自然科学版），2024，23（1）：72-77.

[136] 顾栋栋. 智媒时代中国故事国际传播的话语表达与传播逻辑 [J]. 湖北社会科学，2023（4）：156-161.

[137] 吴楚燕，唐定，王玮. 谈大学生择业心理与就业观教育 [J]. 河北职业技术学院学报，2003（2）：53-54.

[138] 卢杰，王燕. 中国传统家风家训文化融入大学生创新创业教育研究 [J]. 创新与创业教育，2017，8（6）：65-68.

[139] 习近平. 习近平总书记关于弘扬爱国主义精神重要论述 [J]. 中国军转民，2021（20）：16-22.

[140] 张立志. 对家庭文化建设的思考 [J]. 理论与思考，2016（4）：23-24.

[141] 沈媛. 信息消费需求视角下家庭文化反哺的变革探析 [J]. 现代交际，2018（3）：41-43.

[142] 王丽丽.对新时代家庭文化建设的思考[J].山西高等学校社会科学学报，2019，31（4）：54-57.

[143] 曾燕萍，刘霞.政府公共文化支出对家庭文化消费的影响研究：基于中国家庭追踪调查的分析[J].消费经济，2020，36（2）：29-39.

[144] 邓遂.城镇化进程中的家庭文化转型问题[J].特区经济，2020（11）：137-139.

[145] 王占珏，赵娜.家风建设与社会主义核心价值观的习惯养成[J].决策探索（下半月），2016（12）：41-42.

[146] 马传静.家风视角下的社会主义核心价值观建设[J].传承，2016（5）：84-85.

[147] 耿向娟.论传统家风家教的现代化转向——以社会主义核心价值观的引领为视角[J].产业与科技论坛，2018，17（4）：158-159.

[148] 龚曼霞.社会主义核心价值观融入家风美德路径研究[J].中国领导科学，2017（12）：67-69.

[149] 闫平.借鉴我国传统家风家教文化创新培育和践行社会主义核心价值观的实践路径[J].理论学刊，2019（3）：90-97.

[150] 梁丹.论优良家风在培育大学生社会主义核心价值观中的作用[J].开封文化艺术职业学院学报，2021，41（7）：90-91.

[151] 魏继昆.继承和弘扬红色家风[N].光明日报，2017-04-26（11）.

[152] 习近平.在会见第一届全国文明家庭代表时的讲话[N].人民日报，2016-12-16（2）.